婴幼儿生活照护

（配套实训工作手册）

主　编／许琼华　杨小利

副主编／黄秋金　赵　艳　王宏霞　郭频鸽　王红莉

参　编／方　煜　黄碧凡　刘　益　谈婷婷　王晓斐　钟　桢

中国人民大学出版社

·北京·

前言

党的二十大报告提出，我们深入贯彻以人民为中心的发展思想，在幼有所育、学有所教、劳有所得、病有所医、老有所养、住有所居、弱有所扶上持续用力，建成世界上规模最大的教育体系、社会保障体系、医疗卫生体系，人民群众获得感、幸福感、安全感更加充实、更有保障、更可持续，共同富裕取得新成效。报告指出，建立生育支持政策体系，实施积极应对人口老龄化国家战略。而积极发展托育服务是建立生育支持政策体系的重要环节。

《婴幼儿生活照护（配套实训工作手册）》根据婴幼儿托育服务与管理专业人才培养目标要求、岗位能力、高职学生学情及职业资格证书标准编写。

在内容组织上，将婴幼儿养育保育、医学保健、早期发展结合起来；实施教学时配套实训工作手册，教、学、做一体，在做中学，理论与实践结合，在实践中运用和检验所学理论、提升素质。本教材的编写具有以下特点：

1. 思政引领

党的二十大报告强调，育人的根本在于立德。聚焦“立德树人”根本任务，推进课程思政。课堂是课程思政主渠道，教材是课程思政载体，知识传授、能力培养与价值引领并重，将思政元素融入专业学习中，把育德、修技融入专业教学全过程。面对 0 ～ 3 岁婴幼儿（“最柔软”的群体），学生要掌握婴幼儿生活照护的知识，形成回应性婴幼儿生活照护能力；更重要的是坚持社会主义核心价值观，树立热爱婴幼儿和科学保教的理念，培养工匠精神。本教材在编写时确定三维教学目标，实现专业课程与思政教育的有机融合，把思政贯穿教育教学全过程，并配合“回应性照护要点”加以落实，使学生在完成每个任务的过程中，实现道德素质和专业能力同步发展。

2. 以学生为中心

编者通过分析职业能力，选择典型工作任务，按照工作过程编写教材，将教材内容规划为七个项目，涵盖婴幼儿一日生活的各个环节，包括作息安排、饮食、饮水、清洁、睡眠、运动、衣着照护等，再划分为若干任务，使学生通过学习实践能医育结合、科学照料婴幼儿日常生活，为成为高素质托育人才奠定基础。本教材以学生认知能力和学习特点为依据，顺应“互联网 +”时代，内容追

求理论性与实践性的统一、知识性与可读性的统一。依托课程网站，线上线下混合教学，可随时随地回看，支持学生自主学习，教、学、做、评一体，提高学生学习积极性，学生可及时获取学习效果反馈，增强教材的育人成效。

3. 能力导向

托育专业人才培养目标：能成为从事婴幼儿托育服务与初步机构管理的高素质技能型人才。“婴幼儿生活照护”课程核心目标：培养婴幼儿生活回应性照护能力。本教材通过托育岗位典型工作情境下的任务引领，突出职业能力的培养，提高学生的岗位胜任力。每一个项目先呈现学习目标、思维导图、素养提升、学习建议，再由具体任务中的情境导入引出新知识内容。学生带着问题学习和实践，在完成任务的过程中形成专业素养。每个项目后附有同步练习，帮助学生及时复习巩固所学知识。书中设有资料链接栏目，帮助学生开阔视野，拓展学习空间。

4. 岗课证结合

本教材以《托儿所幼儿园卫生保健工作规范》《托育机构保育指导大纲（试行）》等规定为引领，以培养高素质技能型人才为立足点，根据人才培养目标要求的托育岗位能力、幼儿照护 1+X 证书考核要求，以及保育师、婴幼儿发展引导员等职业资格标准选取教材内容，基于工作过程编排内容，确立项目任务驱动教材编写模式。教材开发融入新技术、新工艺，如突出医育结合、婴幼儿的回应性照料、按需喂养、顺应喂养等。对接考证，将证书内容融入教材中，学生在学习课程的过程中同时备考，满足考试需求。

在中国人民大学出版社组织下，联合全国九所高职高专院校组成实践经验丰富、专业能力强、懂教学法的“双师型”高中职称结合、高学历的编写团队。许琼华（泉州幼儿师范高等专科学校）、杨小利（重庆幼儿师范高等专科学校）担任主编；黄秋金（泉州幼儿师范高等专科学校）、赵艳（太原幼儿师范高等专科学校）、王宏霞（川北幼儿师范高等专科学校）、郭频鸽（六盘水幼儿师范高等专科学校）、王红莉（沧州幼儿师范高等专科学校）担任副主编；方煜（岳阳职业技术学院）、黄碧凡（泉州幼儿师范高等专科学校）、刘益（岳阳职业技术学院）、谈婷婷（贵州电子商务职业技术学院）、王晓斐（山东英才学院）、钟桢（贵州电子商务职业技术学院）参编。黔南民族师范学院兰香负责整理资料和提供图片素材。全部书稿汇总后，由许琼华负责修改和统稿工作。配套实训工作手册由黄秋金、许琼华、黄碧凡主编。

本书可以作为婴幼儿托育服务与管理专业的核心课程教材，也可以作为学前教育专业、早期教育专业的选修课教材，还可以作为婴幼儿生活照护人员的参考书。本书为福建省教育科学规划“十四五”课题“泉州市托育行业发展状况调查

研究”（项目编号：FJJKCGZ22-036）阶段成果之一。

书中引用专家学者的研究成果和一线教师的案例等资料，除了所列文献以外，未能详尽之处敬请原谅，在此一并表示衷心感谢。

由于编者学术水平和能力有限，书中的错误和疏漏在所难免，恳请广大读者批评指正，以便今后不断修改完善。

编　者

目录

婴幼儿生活照护概述

1. 关爱和保护婴幼儿，养成照护婴幼儿生活的耐心、细心和责任感，形成职业认同感和使命感。
2. 能合理安排婴幼儿一日生活作息，实施婴幼儿的日常观察，监测、评价婴幼儿的生长发育。
3. 掌握婴幼儿生活作息安排的意义、原则，日常观察的意义、实施，生长监测的意义、实施及评价。

思维导图

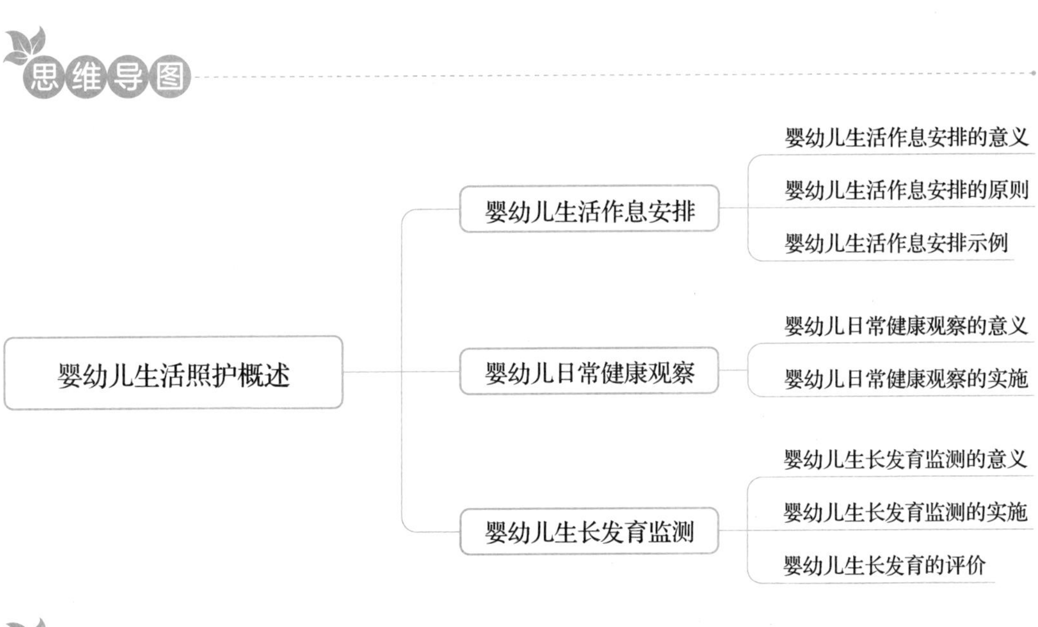

素养元素 关爱婴幼儿；儿童观，保育观；职业认同感和使命感

实施要点

1. 明确学习目标，贯彻党的二十大精神，践行社会主义核心价值观，坚持为党育人、为国育才，立志从事婴幼儿照护事业，培养学生对婴幼儿照护职业的认同感

和使命感，以及爱岗敬业、求真务实的职业品质。

2. 学习婴幼儿生活照护的基础知识，在合理安排婴幼儿生活、实施健康观察和监测的过程中，树立尊重、热爱、理解婴幼儿的理念，培养医、养、保、教相结合的职业素养。

学习建议

1. 学习前要回顾之前所学的婴幼儿生理和心理发展的知识。
2. 查阅相关的托育法规，了解关于婴幼儿回应性生活照护的规定。
3. 结合托幼机构的调查和见习、实习，进一步分析婴幼儿生活作息的安排，观察婴幼儿并尝试测量幼儿的身长、体重、头胸围。

任务一　婴幼儿生活作息安排

情境导入

小夏刚进入托幼机构，园长要求她为托小班宝宝（12～24个月）制定一份一日生活作息安排表。

为什么要制定一日生活作息制度？如何合理安排婴幼儿作息时间呢？

一、婴幼儿生活作息安排的意义

《托儿所幼儿园卫生保健工作规范》第二部分规定：托幼机构应当根据各年龄段儿童的生理、心理特点，结合本地区的季节变化和本托幼机构的实际情况，制定合理的生活制度。合理安排儿童作息时间和睡眠、进餐、大小便、活动、游戏等各个生活环节的时间、顺序和次数，注意动静结合、集体活动与自由活动结合、室内活动与室外活动结合，不同形式的活动交替进行。

《托育机构管理规范（试行）》第十六条规定：托育机构应当科学合理安排婴幼儿的生活，做好饮食、饮水、喂奶、如厕、盥洗、清洁、睡眠、穿脱衣服、游戏活动等服务。

《托育机构管理规范（试行）》第十八条规定：托育机构应当保证婴幼儿每日户外活动不少于2小时，寒冷、炎热季节或特殊天气情况下可酌情调整。

《托育机构保育指导大纲（试行）》第三章“组织与实施”第四点规定：保育工作应当根据婴幼儿身心发展特点和规律，制订科学的保育方案，合理安排婴幼儿饮食、饮

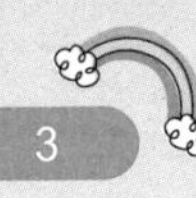

水、如厕、盥洗、睡眠、游戏等一日生活和活动，支持婴幼儿主动探索、操作体验、互动交流和表达表现，丰富婴幼儿的直接经验。

一日生活作息是婴幼儿每日生活及具体时间的安排。婴幼儿一日生活作息包括饮食、饮水、如厕、盥洗、睡眠、运动与游戏等内容。托育机构招收 3 岁以下婴幼儿（以下简称“婴幼儿”）。按照《托育机构设置标准（试行）》第十九条的规定，托育机构一般设置乳儿班（6 ～ 12 个月，10 人以下）、托小班（12 ～ 24 个月，15 人以下）、托大班（24 ～ 36 个月，20 人以下）三种班型。合理安排婴幼儿的一日生活作息很有必要。

在顺应婴幼儿一日身心变化规律的前提下，编制婴幼儿一日生活作息，有计划地安排好生活活动、运动锻炼和各种游戏活动，在每天的生活中规定具体的时间，是为了满足婴幼儿不同时段的不同需要，便于婴幼儿形成良好的生理规律，建立良好的生活习惯，以促进婴幼儿的身心健康和全面发展。婴幼儿一日作息制度同时也是保育师全日工作的依据。

二、婴幼儿生活作息安排的原则

（一）儿童为本

坚持儿童优先，保障儿童权利。婴幼儿作为最“柔软”的群体，他们的生活作息如何安排既不是父母主观决定的，也不是为方便保育师而安排的，必须以充分保障婴幼儿的生理需要和心理需要为前提。婴幼儿生理需要具有自身的节律和特点，如较小婴幼儿每一次睡眠的时间较长，睡眠的次数也较多，在每天的上下午都可以安排一些时间用于睡眠。

（二）因龄而异

一日活动的时间和内容并非一成不变的，要根据年（月）龄进行调整，乳儿班与托小班、托大班的作息时间不同。随着婴幼儿的成长必须进行调整，如游戏的时间要逐步增加，从而使其身心得到全面发展。

（三）动静结合

不同类型的活动要交替进行，如运动和休息交替，安静的活动和激烈的活动交替，即使是动作游戏，也要注意粗大动作练习和精细动作练习要交替，这样才能不令婴幼儿感到疲劳。在保证婴幼儿每日户外活动时间 2 小时的前提下，合理安排饮食、饮水、如厕、盥洗、睡眠、游戏等活动。

（四）灵活调整

根据季节和天气、家庭环境、健康状况等的实际变化，灵活调整婴幼儿的活动时间和方式。有时由于外出等原因，可以适当调整、灵活安排游戏时间。尽可能让婴幼儿常规活动时间与同伴保持一致，但如果有一些婴幼儿有特殊需要，应尽量满足，理解其生理和心理需求，并及时给予积极适宜的回应。

三、婴幼儿生活作息安排示例

不同月龄的婴幼儿生活作息安排不同，可以制作成表格，以便于实施和检查，也方便家长查看。表 1-1-1、表 1-1-2、表 1-1-3 仅供参考，应根据婴幼儿生长发育状况和各托育园实际情况设计个性化的生活作息安排表，夏秋季也可以调整。

表 1-1-1 乳儿班一日生活作息表

班级	活动时间	活动内容
乳儿班	7:30—8:30	入园、晨检、护理
	8:30—9:00	早餐
	9:00—10:00	户外活动 / 身体活动
	10:00—10:30	护理、餐点
	10:30—11:30	睡觉
	11:30—11:45	护理
	11:45—12:15	午餐
	12:15—13:00	自主游戏 / 集体游戏
	13:00—15:00	睡觉
	15:00—15:30	护理、餐点
	15:30—16:30	户外活动 / 身体活动
	16:30—17:30	自主游戏 / 护理 / 离园

表 1-1-2 托小班、托大班一日生活作息表

班级	活动时间	活动内容
托小班、托大班	7:30—8:30	入园、晨检
	8:00—8:30	早餐
	8:30—9:00	盥洗、饮水、如厕、自主游戏
	9:00—10:00	户外活动
	10:00—10:30	盥洗、饮水、如厕、餐点
	10:30—11:30	自主游戏 / 集体游戏
	11:30—11:45	盥洗、如厕
	11:45—12:15	午餐
	12:15—12:30	漱口、餐后自主活动
	12:30—15:00	午休
	15:00—15:30	盥洗、饮水、如厕、餐点
	15:30—16:30	户外活动
	16:30—17:30	自主游戏 / 离园

表 1－1－3 托小班、托大班居家一日生活作息表

时间	活动项目	活动建议（宝宝可以做的事）
7:30—9:00	早安时光 （起床、穿衣、洗漱、早餐、劳动）	1. 穿衣服、穿袜子、扣纽扣、拉拉链等，与家长一起整理床铺； 2. 刷牙、拧毛巾、挂毛巾、洗脸、涂抹面油； 3. 家长协助或自主早餐，一起收拾餐具、擦桌子，漱口、擦手等； 4. 与家长一起做家务，如浇花。
9:00—9:30	活力清晨 （儿歌、律动）	1. 欣赏古典音乐或钢琴曲； 2. 欣赏节奏欢快的儿歌并做简单的韵律动作； 3. 做手指谣或听故事。
9:30—10:00	温馨共读 （绘本故事）	挑选自己喜欢的绘本（宝宝喜欢反复看同一本绘本）。
10:00—10:15	点心时间 （牛奶、豆浆、小点心）	尝试盥洗、自主吃点心和参与整理。
10:15—11:15	玩具乐园 （积木、小汽车、过家家、拼图等）	1. 有一定的自主玩耍时间，家长仅在宝宝需要时回应或参与； 2. 尽可能自己收拾玩具，整理、收纳，玩具归位。家长可引导协助，给予收纳的建议和提示。
11:15—12:00	营养午餐 （餐前准备、自主用餐、餐后整理）	1.（家长协助）宝宝自主洗手，参与备餐； 2. 自主进餐（用餐时不看电视，暂时收起手机）； 3. 餐后漱口，洗脸和手； 4. 参与力所能及的清洁工作（收碗筷、擦桌子等）。
12:00—15:00	悠闲午后 （午睡、起床整理、水果）	1. 家长协助或自主穿脱衣服、裤子、袜子等，解或扣纽扣、拉链；与家长一起铺床； 2. 收拾果盘、擦桌子等。
15:00—16:00	健康运动 （适合室内开展的体能活动）	1. 球类游戏：抛接球、投球； 2. 活动量较大的亲子游戏：吹泡泡、木头人、跳格子、捉迷藏等。
16:00—17:00	玩具乐园 （积木、小汽车、过家家、拼图等）	1. 有一定的自主玩耍时间（家长仅在宝宝需要时回应或参与）； 2. 尽可能自己收拾玩具，整理、收纳，玩具归位。家长可引导协助，给予收纳的建议和提示。
17:00—18:00	美味晚餐 （餐前准备、自主用餐、餐后整理）	1.（家长协助）宝宝自主洗手，参与备餐； 2. 自主进餐（用餐时不看电视，暂时收起手机）； 3. 餐后漱口，洗脸和手； 4. 参与力所能及的清洁工作（收碗筷、擦桌子等）。
18:00—20:00	自由活动 （亲子游戏、阅读、美工等）	1. 亲子阅读、涂鸦、嬉戏； 2. 参与收拾、整理。
20:00—20:30	做个好梦 （洗漱、睡前准备）	1. 刷牙、洗澡、脱衣物、铺床等； 2. 选择喜欢的故事或摇篮曲。

（备注：如果外出，可调整上午、下午各一小时户外活动时间。）

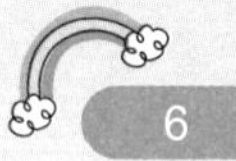

回应性照护要点

1.“四心”投入

制定生活作息表应充分考虑婴幼儿的需求。当保育师需要同时照料几个婴幼儿时，作息表是重要的依据，但执行婴幼儿生活作息表要有一定的弹性，因为婴幼儿有着各自不同的生物钟。对年龄小的乳儿，要尊重婴幼儿的作息时间，如尽量避免在同一时间给所有婴幼儿喂食、换尿布。保育师需要更多的爱心、耐心、细心和责任心。当从一个活动换到另一个活动时，保育师应先检查一下婴幼儿的尿布是否需要更换。另外，记录下每位婴幼儿更换尿布的时间，以供第二天参考。这个信息能帮助保育师更好地掌握更换尿布的时间。保育师在换尿布之后应及时洗手，将换尿布的地方及时清理干净，养成保持卫生的好习惯。

2. 分组照护

托育机构保育师与婴幼儿的比例为：乳儿班 1∶3，托小班 1∶5，托大班 1∶7。一个活动室里通常有两位以上的保育师，可以把婴幼儿分成相应的几个小组，每个小组各由一位保育师负责。在分工合作的基础上，婴幼儿由固定的保育师照顾，更容易与其建立亲密的依恋关系，也有利于保育师更多地了解每位婴幼儿的需要，从而制定和执行更合适的个性化作息表。

3. 个别照护

托班部分作息安排表（常规），如表 1－1－4 所示。

表 1－1－4　托班部分作息安排表（常规）

时间	活动内容
8:15—8:40	来园活动、室内游戏
8:40—9:00	生活（盥洗、自主吃点心）
9:00—10:00	户外游戏
10:00—10:30	材料整理、生活
10:30—10:50	室内游戏（含点名活动）

托班部分作息安排表（适应期），如表 1－1－5 所示。

表 1－1－5　托班部分作息安排表（适应期）

<table>
<tr><th>时间</th><th>活动内容</th></tr>
<tr><td rowspan="2">8:15—9:00</td><td>来园活动、室内游戏</td></tr>
<tr><td>生活（盥洗、自主吃点心）</td></tr>
<tr><td>9:00—10:50</td><td>户外游戏、生活（含点名活动）</td></tr>
<tr><td colspan="2">三位保育师合理分区指导、相互协作，关注每一位婴幼儿</td></tr>
</table>

通过对比表1-1-4和表1-1-5，可见二者作息内容几乎一致，但时间和环节安排不同。表1-1-4时间和环节安排统一、细致，便于操作，然而刚入托的2～3岁孩子的生活习惯和自理能力存在较大的差异，因此该表的安排难以满足孩子的个别需求。表1-1-5中将常规的游戏、吃点心、洗手、如厕等活动时间段（见表1-1-4）整合为“大块面”的时间，减少生硬的过渡环节、统一的行动方式。如将早点时间与室内游戏时间合并，孩子可以根据自己的意愿与能力选择先吃或先玩，只要在这一段“大块面”的时间内（即8:15—9:00，见表1-1-5）用完点心即可。灵活自主的安排让每个孩子可以根据自己的活动节奏和频率享受游戏和生活，体验自我服务的满足感和宽松感。近两小时的室内外游戏（9:00—10:50）中灵活穿插生活照护，使得孩子能够“玩一会儿，歇一会儿”。灵活自主、动静交替、保教融合更符合新入托幼儿的身心发展规律。[①]

任务二　婴幼儿日常健康观察

情境导入

托育中心的“葡萄班”来了12个24～36个月的宝宝。

日常生活照护中，保育师该如何实施日常健康观察，保障婴幼儿的健康？

一、婴幼儿日常健康观察的意义

《托育机构管理规范（试行）》第二十四条规定：托育机构应当坚持晨午检和全日健康观察，发现婴幼儿身体、精神、行为异常时，应当及时通知婴幼儿监护人。

除了对婴幼儿的健康检查外，婴幼儿每日入托后，卫生保健人员和保育师应对其进行晨间、午间健康检查及全日健康观察，以确保婴幼儿的健康和安全。

（一）保障健康

通过日常观察，测量婴幼儿有无发热，检查、询问婴幼儿有无异常情况，观察精神状况和皮肤异常。婴幼儿受年龄限制即便身体不适也无法清楚表达，通过仔细晨检和全日观察，能尽早发现其躯体症状和传染病典型表现，早隔离、早诊断、早治疗。通过日常健康观察，能有效预防和控制常见疾病的发生，杜绝一些传染性疾病的传播和蔓延，为婴幼儿的健康做好安全保障。

---

① 曹轶．托班适应期迈好成长第一步．上海托幼，2022（9）．

在晨午检、全日健康观察中，发现危险物品及时收起，一旦发现婴幼儿的异常状况及时干预，防止和减少意外伤害。

（二）增进了解

通过敏锐观察了解婴幼儿，熟悉每位婴幼儿的身体发育、动作、语言、认知、情感与社会性等发展状况，具体来说就是熟悉每位婴幼儿的饮食习惯、偏好，睡眠节律，大小便规律，气质特点，早期性格表现等，理解其生理和心理需求，以便及时给予积极适宜的回应。

（三）促进交流

保育师每天热情接待婴幼儿和家长，笑迎婴幼儿入园，由衷的问候、亲切的交流、充满仪式感的告别，让婴幼儿怀着愉悦的心情入园，让家长放心离开。

二、婴幼儿日常健康观察的实施

按照时间和内容的不同，将婴幼儿日常观察分为晨检、午检和全日健康观察（见图 1－2－1）。内容包括饮食、睡眠、大小便、精神状态、情绪、行为等，做好观察并记录。

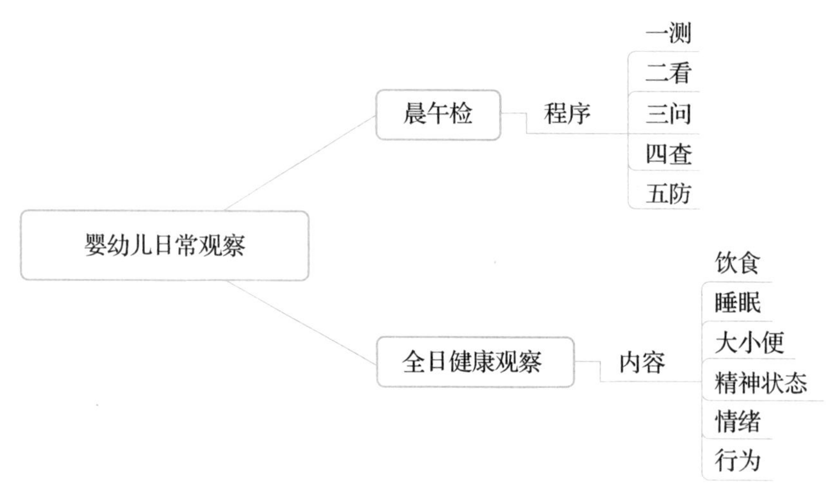

图 1－2－1　婴幼儿日常观察

（一）晨午检

晨检具有维护婴幼儿健康、保障婴幼儿安全的双重意义，对于托育园这类儿童集体的聚集地来说，晨检是一项不可或缺的保健措施。

保健医生要比婴幼儿早到托育园，做好晨检的准备工作。晨检工具包括但不限于：体温计、手电筒、碘伏、棉签、听诊器、压舌板、常用外用药品、晨检记录本、笔等。晨检之前保育师必须先用洗手液、流动水洗手。晨检工作的程序总结为：一测、二看、

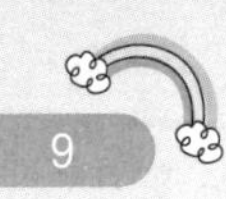

三问、四查、五防。

一测：测量体温（使用红外线测温仪、电子测温仪），触摸婴幼儿的额头和掌心，检查婴幼儿有无发热现象。如果出现婴幼儿体温过高等发热现象，不宜入托，交由家长带回就医。

二看：看婴幼儿精神状态好不好，有无疲倦或不适面容，看口咽、皮肤有无皮疹、肿块。这是发现并隔离手足口病、水痘等传染病患儿非常关键的步骤。

三问：问问婴幼儿在家中的健康情况，有无不适，以便园中观察。如发现问题可细问其有无发热、咳嗽、呕吐、腹泻等症状，在家的睡眠、饮食、大小便情况。记录有无留药及服用方法。如果接受家长委托喂药时，应当做好药品交接和登记，检查药名、标签是否清楚，药物是否过期。登记好婴幼儿姓名、年龄、班级、疾病诊断及药品的名称、生产日期、保质期、服用时间、服用量、注意事项等，并请家长签字确认。如药品不符合要求，则退给家长带回。保健药品一律不收。

四查：对入托的婴幼儿进行卫生和安全检查。检查婴幼儿衣着是否整洁，检查婴幼儿饭后是否擦嘴、漱口，检查婴幼儿手指甲和双手是否卫生、身上有无伤痕等（发现婴幼儿遭受或疑似遭受家庭暴力的，应当依法及时向公安机关报案），检查婴幼儿有无携带不安全物品入托。

五防：发现患病、疑似传染病婴幼儿应当尽快隔离，并与当班保育师、家长联系，及时到医院诊治，并追访诊治结果。保健医生和值班员要记录晨检情况和处理意见，以便之后查验。

婴幼儿午睡期间，须由保健医生和当班保育人员进行午间检查。要求在午睡前、中、后都有至少一名保育师看护婴幼儿，并做好交接班情况登记。对于有传染性疾病婴幼儿案例的班级，午检应由保健医生亲自指导进行。保健医生要查看婴幼儿的午间睡眠环境及检查保育人员的工作，观察或询问是否有精神不佳、身体不适的婴幼儿。保育人员应注意巡视检查睡着的婴幼儿的体温、呼吸频率，对咳嗽、鼻塞的婴幼儿让其侧卧，纠正蒙头睡、趴睡婴幼儿的睡姿；起床后，观察婴幼儿精神状态、面色及有无发热现象。

回应性照护要点

1. 严格程序，保障健康

严格执行“一测、二看、三问、四查、五防”的晨检步骤，确保每个婴幼儿入托前都经过晨检，不应付敷衍，保障全体婴幼儿的健康。

2. 热情接待，随时关注

保健医生态度和蔼、面带微笑迎接婴幼儿入园，要热情接待婴幼儿家长，向他们亲切问好，和家长就孩子的健康问题进行交流，有效实现家园沟通。婴幼儿晨检入班后，保育师要进行情绪的安抚，要用爱心、耐心、细心、用心体会婴幼儿的需求并给予恰当的回应。晨间情绪会影响婴幼儿在园一天的生活，保育师要多关注婴幼儿情绪的变化，并给予疏导。

（二）全日健康观察

保育人员与婴幼儿在园内一起生活，在进行生活照护的同时，要加强全日健康观察。由于婴幼儿语言表达能力所限，保育人员需要更加仔细而深入地观察（见表 1－2－1），了解每位婴幼儿的在园情况，做好回应性照护。

表 1－2－1　婴幼儿的日常观察与判断（简表）

方法	观察内容	正常	异常
看	精神	吃睡正常，表情自如，反应灵敏，对刺激感到兴奋	烦躁，入睡困难或昏睡不醒，食欲不振，表情呆滞，反应迟钝
	面色	红润、有光泽	苍白、发黄、青紫、暗灰
	饮食	正常食量，按需喂养	食量减少或拒食
	睡眠	正常（稍微抚慰）入睡，形成一定规律	短暂哭闹不伴有发热、腹泻和频繁抽搐视为正常，如果有上述异常需要诊治
	大小便	正常（婴幼儿一般一天更换 6 ～ 8 次尿片）	排便次数过多或过少，性状及颜色异常
	哭声	连续、响亮（不随意哭）	不连贯、断断续续、有气无力（哭闹）
	呼吸	呼吸正常、均匀	呼吸粗大、急促，微弱、有呻吟
摸 / 测	额头、皮肤温度	全身温暖、体温正常	全身发热或冰凉、体温过高或过低
查	皮肤状态	肤色正常，有光泽，光滑	肤色异常，粗糙，有破损或脱落现象
	四肢活动	四肢能自主活动，对刺激反应灵敏	姿势异样，有痛感或不适感，对刺激反应迟钝

观察重点包括：

精神状态、情绪、行为：健康婴幼儿意识清醒，生理性哭声洪亮、连贯，有泪状，面色、体温正常。多为饥饿、尿片不适、衣着不适或无聊需要安全感等引起哭闹。但他们一般情绪稳定，不无故哭闹。如果婴幼儿出现突然而激烈的尖叫、不停哭闹经抚慰而不止，伴随面色苍白、表情痛苦等，即可认为是病理性哭闹。

饮食：观察婴幼儿进餐兴趣与食欲、饮水量、食量、食物偏好与禁忌、独立进餐能力、进餐礼仪等。

睡眠：观察婴幼儿睡眠时的面色、呼吸、睡姿、睡眠时长、睡眠模式等。

大小便：婴幼儿每日大便 1 ～ 2 次，性状正常，稀水便等或大便次数增加视为异常。一昼夜小便为 400 ～ 600ml，每日 10 ～ 15 次。正常尿液颜色为无色或浅黄色。尿色加深或异常可能是婴幼儿饮水过少或其他疾病。

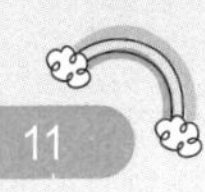

回应性照护要点

1. 仔细观察，积极回应

观察了解不同月龄婴幼儿的需要，把握其情绪变化，并且识别及回应婴儿哭闹、四肢活动等表达的需求（如饿了、尿湿），尊重和满足其爱抚、亲近、搂抱等情感需求。

在各生活环节中，如果观察到婴幼儿出现饮食、睡眠异于往日，或精神状态不良、烦躁，有咳嗽、打喷嚏、呕吐等表现，要加强看护，必要时及时带离，并联系家长。

观察防范意外事故的发生，在园中如果发生婴幼儿摔、碰、划破皮肤等事故，应及时带到保健室处理，同时告知家长，并做好相关记录。

2. 了解儿童，给予回应

观察了解每位婴幼儿独特的沟通方式和情绪表达特点，正确判断其需求，并给予及时、恰当的回应。对于一些特殊婴幼儿，如运动发育迟缓婴幼儿，应给予针对性指导，及时干预。

任务三　婴幼儿生长发育监测

情境导入

小夏是托小班的保育师，她经常面对家长的询问，如“我家宝宝是不是长得比较小？”“我家孩子 16 千克，会不会太重？”

如何判断婴幼儿的生长发育是否正常？如何对婴幼儿的生长发育进行监测？

一、婴幼儿生长发育监测的意义

（一）发展意义

婴幼儿生长发育监测是对婴幼儿体格进行定期的连续的测量和评价，它是判断生长发育和营养状况最有效的方法。最重要和常用的形态指标为身高（长）和体重。体重、身高、头围和胸围是能反映婴幼儿生长发育和营养状况的综合性指标。照护者应尊重婴幼儿生长发育的自身规律，保障每位婴幼儿在良好的生活环境及营养状况下健康成长。

（二）临床意义

婴幼儿生长发育监测常用来监测、干预个体和群体儿童健康和营养状况，具有简便、经济、无创等特点，对早期诊断儿童营养性、慢性、系统性和内分泌性疾病有重要意义，也对降低儿童发病率与死亡率有潜在意义。

二、婴幼儿生长发育监测的实施

测量次数：6 个月龄以内每个月 1 次，6 ～ 12 个月龄每 2 个月 1 次，1 ～ 2 岁每 3 个月 1 次，3 ～ 6 岁每半年 1 次。在保健医生指导下，保育师与家长配合，测量婴幼儿的体重、身长、头围等项目，并进行评估。婴幼儿生长发育监测，如图 1－3－1 所示。

年龄	频率（月次）●	频率（月次）●	体重 ●	体重 ●	身长 ●	身长 ●	头围 ●	头围 ●	身高的体重 ●	身高的体重 ●	体质指数 ●	体质指数 ●
≤6月龄	1	0.5～1	√	√	√	√	√	√	√	√		
6～<12月	2	1	√	√	√	√	√	√	√	√		
1～<3岁	3	1～2	√	√	√	√	√	√	√	√	√（≥2岁）	√（≥2岁）
3～<6岁	6	2～3	√	√	√	√			√	√	√	√
≥6岁	12	3～6	√	√	√	√					√	√

● 正常儿童

● 高危儿：产前、产时和产后存在危险因素影响的儿童，包括早产儿、极低体重儿、小于胎龄儿；新生儿严重疾病，持续头颅B超、CT或MRI异常；使用体外膜肺（ECMO），慢性肺部疾病，呼吸机辅助治疗等；持续性喂养问题，持续性低血糖，高胆红素血症，家庭或社会环境差等；母亲孕期TORCH感染等医学情况。

“√”：为应检查项目。

图 1－3－1　婴幼儿生长发育监测

图片来源：向伟，胡燕．中国儿童体格生长评价建议．中华儿科杂志，2015，53（12）．

（一）身高测量

身高增长以初生半年最快：第一个 3 个月平均每月约增 3.5cm，第二个 3 个月平均每月约增 2cm，后半年平均每月增 1 ～ 1.5cm。婴幼儿身高（长）增长规律，如表 1－3－1 所示。

表 1－3－1　婴幼儿身高（长）增长规律

年龄	实际身（长）高	身高（长）增加
出生	50cm	
3 月龄	61 ～ 62cm	11 ～ 12cm
12 月龄	75cm	12 ～ 13cm
24 月龄	85cm	10cm
>2 岁至青春期前	5 ～ 7cm/ 年	
2 岁以后身高（长）的估算公式：年龄 × 7cm ＋ 70cm		

3 岁以下用婴幼儿标准量床测量卧位身长，3 岁以上用身高计测量立位身高。2～3 岁之间如测量身高，在与生长标准图表比对时，需要将身高加 0.7cm 进行调整后再与身长值比较。3 岁后仍不能很好地独自站立，也可测量身长，将测量值减去 0.7cm 与身高值进行比较。身长和身高的测量需要 2 名经过培训的人员配合进行。

测量身长时，主测者站在一侧，一手轻轻压住婴幼儿的双腿，另一手移动足板。辅助者站在头板侧扶住婴幼儿的头部使其头顶接触固定的头板。头放置的位置是从耳道到眼眶下缘呈直线，并与水平的底板垂直。主测者将婴幼儿的位置放好，使其肩和臀部与身体的长轴成直角，轻压膝盖使腿伸直。测量时，足板要顶住双脚，足底平对足板，脚尖向上。测量的关键点是固定膝关节、固定头板。测量读数精确到 0.1cm。婴幼儿身长测量（头顶到足底），如图 1－3－2 所示。

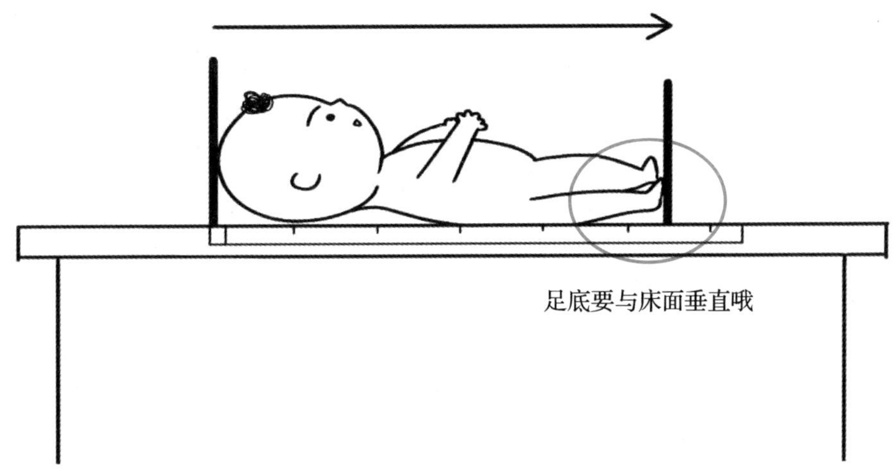

图 1－3－2　婴幼儿身长测量（头顶到足底）

测量身高时，婴幼儿站在身高计上，头的后部、肩胛、臀部、腓肠肌（小腿肚）和足跟要紧贴垂直板（立柱）。放正头的位置，使耳道与眼眶下缘的连线呈水平位，并与底板平行。用拇、食指扶住下颌使头直立。用右手放下头板紧贴头顶压住头发。主测者必须低于婴幼儿的面部水平读数。如果影响测量，头饰应拿去并解开发辫。读数精确至 0.1 cm。强调脱衣物、脱鞋、立正、足后跟并拢、双上肢自然下垂、双肩放松。测量误差的原因有：站立姿势不符合标准、未脱鞋、上下午测量时间不同（一般上午要比下午高 1cm 左右）。

（二）体重测量

我国正常新生儿的平均体重为 3.2～3.3kg。体重计算法是：1～6 个月体重（g）= 出生时体重 + 月龄 ×700；7～12 个月体重（g）= 6 000 + 月龄 ×250；2 岁后体重（kg）= 年龄 ×2 + 8。如出生时 3.3kg，5 个月大时应该是 6.8（3.3 + 3.5）kg；8 个月大时应该是 8（6 + 2）kg。婴幼儿体重增长规律，如表 1－3－2 所示。

表 1-3-2 婴幼儿体重增长规律

年龄	实际体重（kg）	体重增加（kg）	与出生时比较
出生	3		
3 月龄	6 ±	3	增加 1 倍
12 月龄	9 ±	3	增加 2 倍
24 月龄	12 ±	3	增加 3 倍
>2 岁至青春期前		2kg/ 年	2 岁以后体重的估算公式：年龄 ×2 + 8

根据婴幼儿的年龄，测量体重可选用不同精确度的婴儿秤、杠杆秤、电子秤等，建议使用杠杆秤，0 ～ 1 岁婴儿最好选用载重 10 ～ 15kg 的盘式杠杆称取卧位测量，1 岁以上婴幼儿可选用椅式杠杆称，2 ～ 3 岁婴幼儿也可选用台式电子称站立测量。使用前需要调至零点，每周校正，砝码选择与儿童年龄的体重接近的值，称量时调整游锤至杠杆正中水平，将砝码及游锤所示读数相加，以 kg 为单位。测量体重时应避免摇动或接触其他物体，婴幼儿尽量少穿衣服（脱去外衣，最好只穿内衣裤），脱鞋，除去尿布。小于 2 岁的婴幼儿称重应精确至 0.01kg，大于 2 岁的婴幼儿称重应精确至 0.1kg。

（三）头围测量

头围是指从眉弓上缘经枕骨结节绕头一周的长度，表示头颅的大小和脑的发育程度。头围的测量在 2 岁以内最有价值，由于头围在出生后头 3 年反映脑的发育速度，因此建议常规测量头围至 3 岁。连续追踪测量比一次测量更为重要。正常新生儿出生时头围平均为 33 ～ 34cm，1 岁时约为 46cm，2 岁时约为 48cm。婴幼儿头围增长规律，如表 1-3-3 所示。头围过小常提示脑发育不良，过大或增长过快则要考虑有无脑肿瘤、脑积水。

表 1-3-3 婴幼儿头围增长规律

年龄	实际头围（cm）	增长（cm）
出生	33 ～ 34	
3 月龄	40	6
12 月龄	46	6
24 月龄	48	2
5 岁	50	2

测量者应使用带有 cm 和 mm 刻度的、不易热胀冷缩的软尺测量婴幼儿头围。婴幼儿取立位或坐位（婴儿坐于成人腿上，由成人扶住头），用左手拇指将软尺“0”点固定于头部右侧，齐眉弓上缘处（软尺下缘恰于眉毛上缘），软尺从头部绕经枕骨粗隆最高

处回至“0”点，读数精确至0.1cm。测量时软尺应紧贴皮肤，左右对称，长发者应先将头发在软尺经过处向上下分开。

（四）胸围测量

胸围是经过胸前双乳头绕后背一周测量得到的数值。出生时胸围比头围小1～2cm，平均约32cm。1岁时约为46cm，与头围约等，1岁后胸围应大于头围。胸围大小与肺的发育，胸廓骨骼、肌肉及皮下脂肪的发育密切相关。婴幼儿胸围增长规律，如表1-3-4所示。

表1-3-4 婴幼儿胸围增长规律

年龄	实际胸围（cm）	增长（cm）
出生	34	
3月龄	40	6
12月龄	46	6
24月龄	48	2
5岁	50	2

测量者立于婴幼儿前方或右侧，用左手拇指将软尺“0”点固定于被测婴幼儿胸前乳头下缘，右手拉软尺经右侧绕至后背两肩胛骨下角下缘，再经左侧回至“0”点准确读数，以cm为单位，精确到0.1cm。测量时，注意左右对称，软尺轻轻接触皮肤。

回应性照护要点

1. 争取婴幼儿的配合

测量前做好解释和安抚工作，如说“宝宝长大啦，我们来量一量宝宝长高了没有。”

测量时要动作轻柔、熟练。

婴幼儿如出现异常呼吸或哭闹，不要勉强测量。

测量过程中注意婴幼儿安全、保暖。

2. 科学应用测量数值

定期、连续测量比一次测量数据更重要，可以获得个体生长轨道。如果不能定期规律记录，隔很长时间才测量一次，会导致数据点太少，生长曲线的转折波动大，难以正确判断婴幼儿的生长趋势。

受遗传、环境等影响，婴幼儿体格生长存在个体差异。如母乳喂养婴儿在初期生长可能会略低于配方奶喂养婴儿，因此评价纯人乳喂养婴儿的生长时应考虑喂养方式的影响。

当婴幼儿出现生长异常时需及时寻找可能的原因，必要时应转诊至上一级儿

保或专科进行诊治。

还要重视婴幼儿神经心理行为发育。单纯的体格发育数据是不能充分反映大脑发育情况的，必须通过神经心理行为测评才能了解婴幼儿脑发育。婴幼儿神经心理行为测评包括大脑五大功能区的评价，如大运动、精细运动、语言发育、适应能力、社交行为等内容以及发育商的评价。

三、婴幼儿生长发育的评价

（一）绘制生长曲线图

婴幼儿生长发育的评价采用绘制生长曲线的方法简单、易操作，可以手工绘制，也可以借助医院的健康服务管理小程序或软件进行绘制。

生长曲线也叫生长监测图，是通过定期测量婴幼儿的体重和身高值得出的。世界卫生组织（WHO）根据不同年龄和性别提供了多个不同的生长曲线图，根据儿童的性别、年龄选择合适的图表，在选定的图表上可以绘制体格测量的数据。

生长曲线图的横坐标代表婴幼儿的月龄（年龄），纵坐标代表婴幼儿的身高（身长）、体重。

要绘制生长曲线，前提是精确测量婴幼儿的体格数据。定期测量婴幼儿某个月龄的体重、身高（身长），将测量的数值标记在对应的月龄上，把每次测量的数据连成曲线，这就是婴幼儿的“生长轨迹”，它可以正确记录和评估该宝宝的发育情况。

（二）利用生长曲线图评价

观察婴幼儿生长曲线时，应同时关注身高、体重的生长曲线（见图 1－3－3、图 1－3－4、图 1－3－5、图 1－3－6），根据百分位法将男童、女童体格生长划分为 5 个等级：

绿色曲线：中间的一条曲线，代表第 50 百分位数值，相当于平均值，即平均身长（身高）、平均体重等。有 50% 的婴幼儿超过这个中间值，还有 50% 在中间值以下。

黄色曲线：两条黄色曲线分别代表第 15 百分位数值和第 85 百分位数值，表示婴幼儿的生长水平位于同龄人的第 15% 或 85% 的水平。

最上面一条红色曲线：代表第 97 百分位数值，表示婴幼儿的生长水平位于同龄人的第 97% 的水平，高于这一水平可能存在生长过速。

最下面一条红色曲线：代表第 3 百分位数值，表示婴幼儿的生长水平位于同龄人的第 3% 的水平，如果低于这一水平就有可能存在生长迟缓。

因此，婴幼儿的生长数值在 3rd ～ 97th 都属于正常范围。但需要注意的是，婴幼儿在正常发育的情况下，生长曲线的大致走向应该与监测图上的参考曲线近似。也就是说，生长曲线应该总是向上的趋势，而不是水平或下降的。

Length/height-for-age GIRLS

World Health Organization

Birth to 5 years (percentiles)

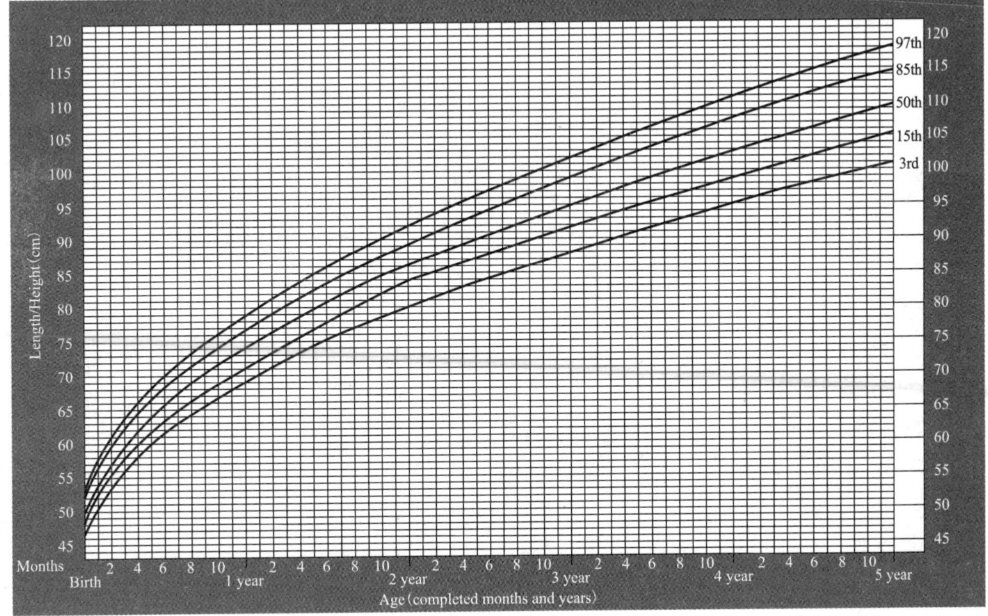

WHO Child Growth Standards

图 1-3-3 0～5 岁女童身长（高）曲线（WHO2006 年版）

Weight-for-age GIRLS

World Health Organization

Birth to 5 years (percentiles)

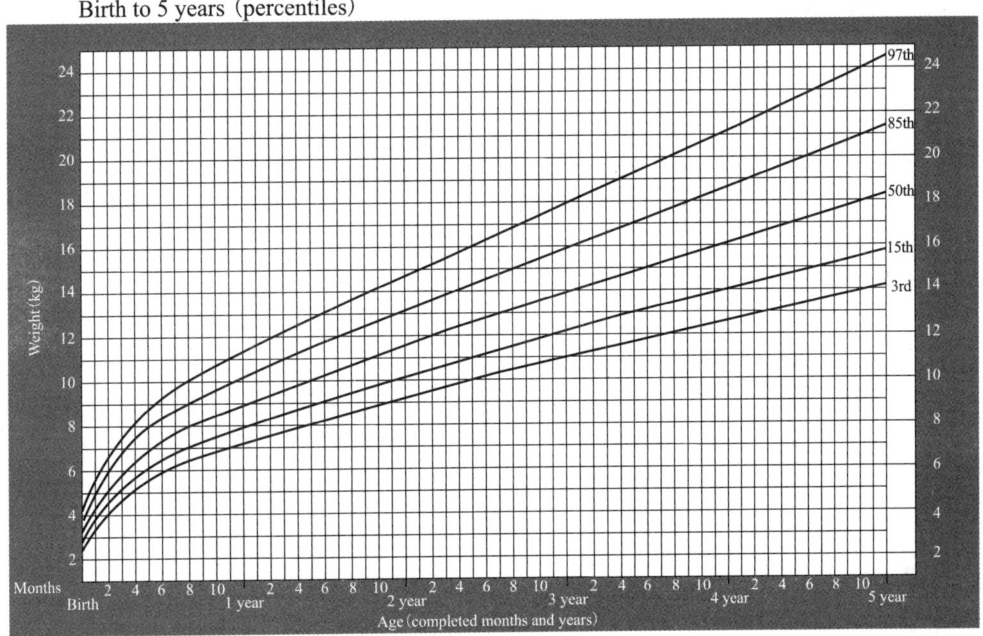

WHO Child Growth Standards

图 1-3-4 0～5 岁女童体重曲线（WHO2006 年版）

Length/height-for-age BOYS

Birth to 5 years (percentiles)

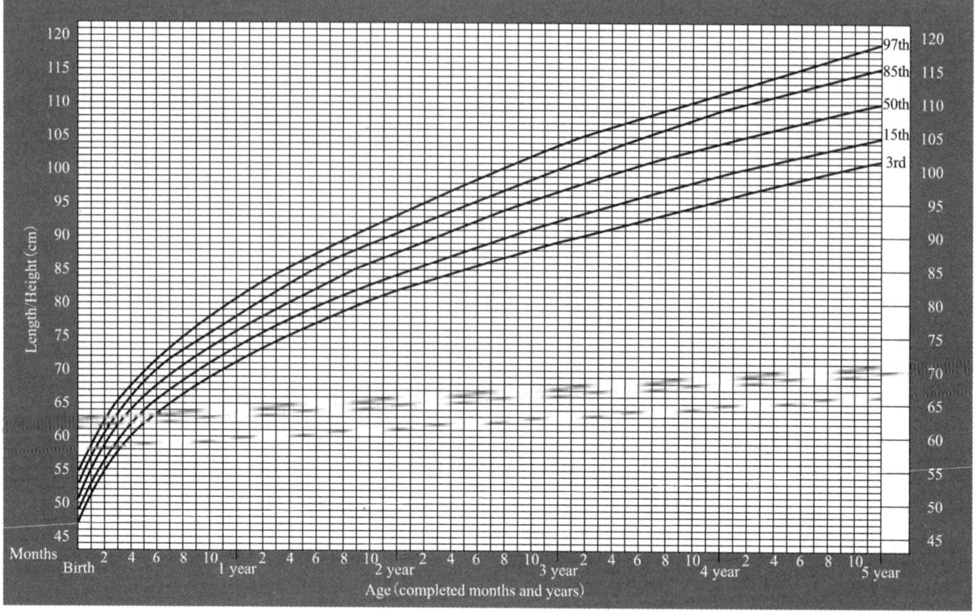

WHO Child Growth Standards

图 1-3-5　0～5 岁男童身长（高）曲线（WHO2006 年版）

Weight-for-age BOYS

Birth to 5 years (percentiles)

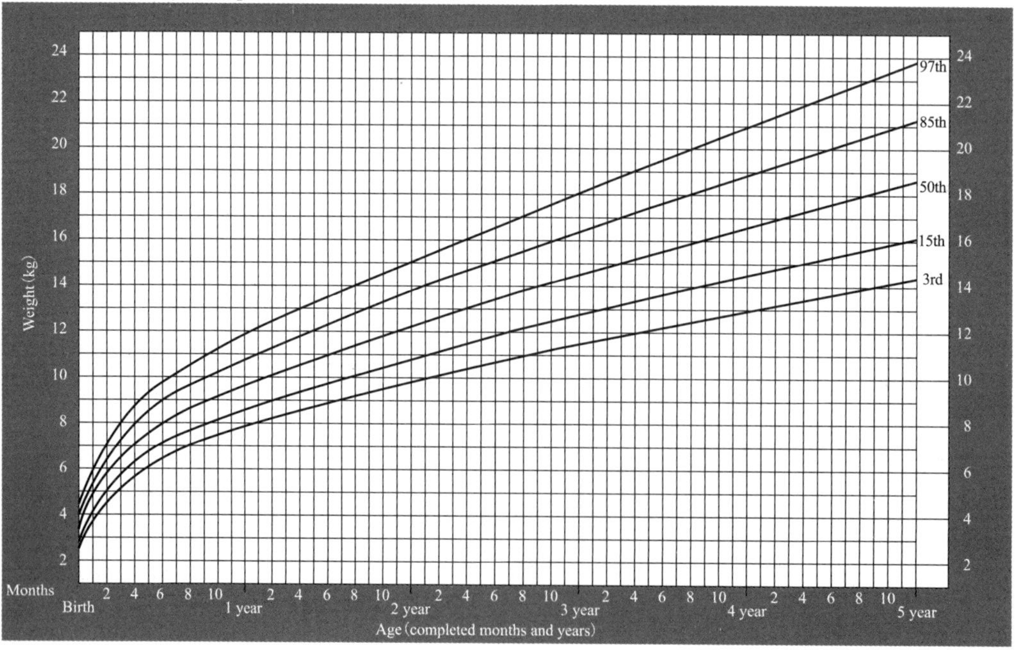

WHO Child Growth Standards

图 1-3-6　0～5 岁男童体重曲线（WHO2006 年版）

回应性照护要点

1. 不过于纠结数据

每个婴幼儿的成长都有自己的轨道，制作生长曲线图只是为了更好地观察、了解婴幼儿的发育情况，不用过于纠结数据。正常值不是一个数值而是一个范围，只要在合理的范围内都是正常的，不需要去跟别的孩子比较，曲线的位置也并非越高越好。

2. 长期定时测量

生长曲线最重要的是看曲线的趋势，即水平、上升，还是下降。根据一次测量数据并不能推测出婴幼儿的生长趋势，需要长期定时测量，并且要做好记录，才能及时发现发育问题，保护婴幼儿健康。

3. 关注变化

如果婴幼儿生长曲线出现以下三种情况变化需就医：生长曲线在添加辅食后增长速度逐渐放缓；生长曲线长期高于标准曲线中的97%线或低于3%线；生长曲线突然出现大幅度上升或下降。

资料链接

除了生长发育监测外，还可以通过表格（见表1-3-5）判断不同月龄婴幼儿心理行为发育是否异常（需专业医生检查）。婴幼儿心理行为发育监测是实现早发现、早期干预、改善预后的有力措施。

表1-3-5 婴幼儿心理行为发育预警征象

月（年）龄	预警征象	月（年）龄	预警征象
3月龄	1. 对很大声音没有反应 2. 逗引时不发音或不会微笑 3. 不注视人脸，不追视移动的人或物品 4. 俯视时不会抬头	18月龄	1. 不会有意识地叫“爸爸”或“妈妈” 2. 不会按要求指人或物 3. 与人无目光交流 4. 不会独走
6月龄	1. 发音少，不会笑出声 2. 不会伸手抓物 3. 紧握拳头松不开 4. 不能扶坐	2岁	1. 不会说三个物品名称 2. 不会按吩咐做简单的事情 3. 不会用勺吃饭 4. 不会扶栏杆上楼梯台阶
8月龄	1. 听到声音无应答 2. 不会区分生人和熟人 3. 双手间不会传递玩具 4. 不能独坐	2岁半	1. 不会说2～3个字的短语 2. 兴趣单一、刻板 3. 不会示意大小便 4. 不会跑
12月龄	1. 呼唤名字无反应 2. 不会模仿“再见”或“欢迎”动作 3. 不会用拇食指对捏小物品 4. 不会扶物站立	3岁	1. 不会说自己的名字 2. 不会玩“拿棍当马骑”等假想游戏 3. 不会模仿画圆 4. 不会双脚跳

续表

月（年）龄	预警征象	月（年）龄	预警征象
4岁	1. 不会说带形容词的句子 2. 不能按要求等待或轮流玩玩具 3. 不会独立穿衣 4. 不会单脚站立	5岁	1. 不能简单叙说事情经过 2. 不知道自己的性别 3. 不会用筷子吃饭 4. 不会单脚跳

项目小结

通过本项目的学习，学生能合理安排婴幼儿一日生活作息，并且阐述理由；能实施婴幼儿的日常健康观察并分析、记录；能测量婴幼儿的身长（高）、体重、头围、胸围，绘制生长曲线图，并能进行生长发育评价。在操作中能关爱保护婴幼儿，工作态度认真，能和家长（监护人）进行沟通。

托育资讯

学习贯彻党的二十大精神 做好新时代优化生育政策工作

加快发展普惠托育服务体系。推动各级各部门积极行动，着力补齐托育服务的短板。打造多元化、多样化、覆盖城乡的普惠托育服务体系，确保十四五期末完成千人口托育数4.5的目标。有效解决一批难点、堵点问题，把托育机构成本降下来，把收托价格降下来，保障绝大多数家庭能够“托得起”。加强对家长和监护人的指导，提高家庭科学育儿能力，做好农村婴幼儿的照护服务。明确托育从业人员职业行为准则，加强教育培训和综合监管，全面推进托育服务规范化经营、高质量发展。

资料来源：杨文庄．学习贯彻党的二十大精神 做好新时代优化生育政策工作．人口与健康：2023（1）.

实践运用

1. 托育园实践：某园婴幼儿一日生活安排调查

要求：学生到实践基地调查，分析该园婴幼儿一日生活安排情况，结合所学知识分析其适宜性，并提出合理化建议。

2. 课程实践：婴幼儿生长发育指标测量

要求：学生到实践基地或者在校内实训室测量婴幼儿的身长、体重、头胸围，绘制生长发育曲线图。

一、选择题

1.（单选）托育机构应当保证婴幼儿每日户外活动不少于（　　）。

A. 1 小时　　B. 2 小时　　C. 2 ～ 3 小时　　D. 3 ～ 4 小时

2.（单选）按照《托育机构设置标准（试行）》的规定，托大班婴幼儿人数（　　）。

A. 10 人以下　　B. 15 人以下　　C. 20 人以下　　D. 25 人以下

3.（单选）婴幼儿日常健康观察的意义不包括（　　）。

A. 保障健康　　B. 增进了解　　C. 促进交流　　D. 提高认知

4.（单选）婴幼儿生长发育最重要和常用的形态指标是（　　）。

A. 身高和体重　　B. 身高和头围　　C. 头围和胸围　　D. 体重和胸围

5.（多选）婴幼儿全日健康观察内容有（　　）。

A. 饮食　　B. 睡眠　　C. 大小便　　D. 四肢活动

6.（多选）下列对婴幼儿生长发育监测描述正确的有（　　）。

A. 婴幼儿生长发育存在个体差异

B. 婴幼儿身高和体重一般是半年测量一次

C. 婴幼儿喂养方式对生长发育监测影响不大

D. 从生长曲线图观测婴幼儿发育情况，不用过于纠结数据

二、判断题

1. 婴幼儿运动过后应该安静休息，做到动静结合。（　　）

2. 婴幼儿年龄小，制定合理的生活作息制度与季节关系不大。（　　）

3. 合理安排一日生活作息，便于婴幼儿形成良好的生理规律。（　　）

4. 晨检的意义主要在于及早发现疾病。（　　）

5. 婴幼儿自我保护能力弱，照护者要时刻盯着他们，减少外出活动保证其安全。（　　）

6. 晨检环节中的“问”，主要是指保健医生向婴幼儿问好。（　　）

7. 家长接送婴幼儿必须出示接送卡，无接送卡打声招呼也可以进出托育机构。（　　）

8. 测量某婴幼儿的体重和身高得到的数值略低于常模标准，也视为正常。（　　）

三、简答题

1. 结合实例简述婴幼儿生活作息安排的原则。

2. 简述婴幼儿晨间健康检查的实施。

3. 简述婴幼儿生长发育监测的意义。

四、案例分析题

案例 1

表 1-3-6 为某托育中心托大班的一日生活作息安排表，保育师以此为依据进行婴幼儿日常生活照护。

表 1－3－6　托大班一日生活作息安排表

时间	作息事项
7:40—8:00	入托
8:00—8:30	早餐
8:30—09:30	自选游戏及小组游戏
09:30—10:00	生活活动（盥洗、喝水、吃点心时间）
10:00—11:00	户外运动
11:00—12:00	午餐
12:00—14:30	午睡
14:30—15:20	起床整理及吃点心时间
15:20—16:00	户外运动
16:00—17:00	晚餐及离托

问题：分析该“一日生活作息安排表”设计的优缺点，并提出自己的建议。

案例 2

男宝小明 8 个月了，妈妈总觉得他体重增长太慢。因为小明看起来比别人家的孩子要瘦一些。以下是小明的体重、身高增长数据：

出生：3.1kg，50cm；40 天：4.0kg，54cm；3 个月：6.2kg，61cm；6 个月：7.3kg，68.5cm；8 个月：8.0kg，71cm。

问题：如何判断小明的体重是否增长缓慢？请你帮助小明妈妈答疑解惑。

项目二 婴幼儿饮食照护

学习目标

1. 掌握婴幼儿人工喂养、辅食制作、制定食谱、进餐照护的基础知识。
2. 能够为婴幼儿制定科学合理的食谱，根据婴幼儿不同年龄特点科学喂养。
3. 热爱婴幼儿照护事业，培养婴幼儿饮食照护的耐心、细心和责任心。

思维导图

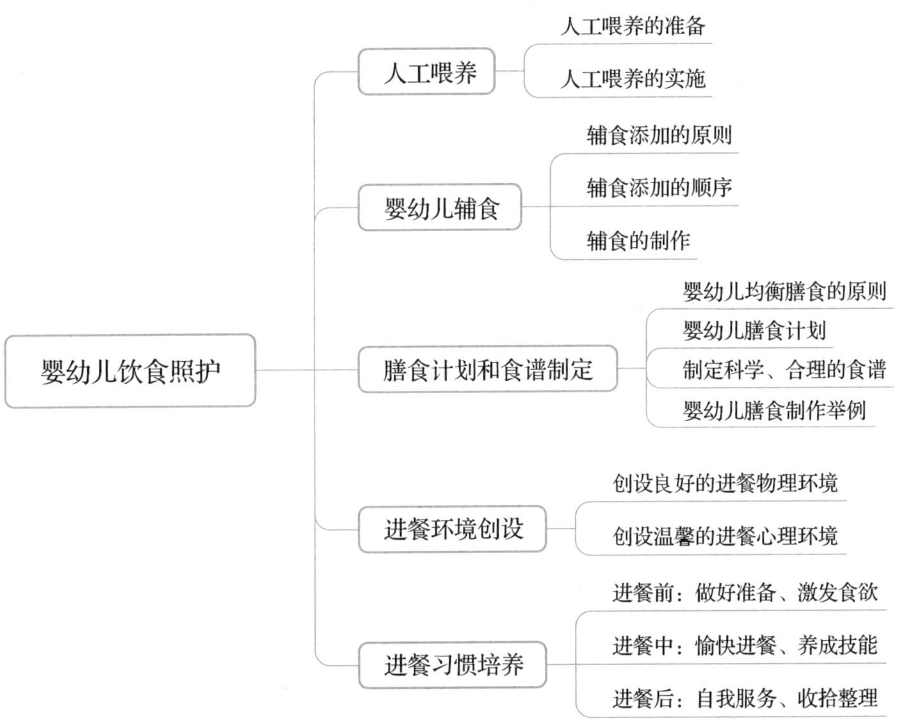

素养提升

素养元素 关爱婴幼儿；均衡膳食，节约粮食；规范操作、精益求精的工匠精神

实施要点

1. 通过学习饮食照护专业知识并结合食育，树立关爱婴幼儿和顺应性喂养的意识。
2. 从生活中的点滴做起，均衡膳食，切记不可浪费粮食。
3. 在人工喂养、婴儿辅食制作和进餐照护等过程中，培养学生“规范操作、精益求精”的工匠精神。

学习建议

1. 请在学习本项目前回顾婴幼儿消化系统生理特点。
2. 温习“儿童营养配餐与指导”课程中婴幼儿营养相关基础知识。
3. 学习《国际母乳协会宣传手册》和《中国居民膳食指南（2022）》。
4. 结合托幼机构的见习、实习，进一步了解婴幼儿饮食照护的相关技能。

任务一 人工喂养

情境导入

悠悠老师刚刚进入托育机构进行岗前学习，园长让她为9个月的宝宝冲调配方奶粉。悠悠老师不知道是应该往奶瓶里先加奶粉还是先加水，请你帮帮悠悠老师。

一、人工喂养的准备

（一）选择乳品

母乳是婴儿最理想的食物，要坚持6月龄内纯母乳喂养。婴幼儿入托后可采取人工喂养。建议婴幼儿离托回家后继续母乳喂养，即采取混合喂养。本任务学习在托育园内的人工喂养。

用牛乳、羊乳或其他乳品代替母乳喂哺婴儿，统称为人工喂养。牛乳、羊乳等均为代乳品，但其营养成分和某些营养素比例不及人乳。如牛乳酪蛋白太多不利于婴儿吸收，羊乳在我国牧区和山区较常饮用，但其维生素 B_{12} 和叶酸含量较低，长期饮用可发生巨幼红细胞性贫血。因此，人工喂养要选择适宜婴幼儿的代乳品，目前一般是选用营养更均衡、专为婴幼儿设计的配方奶粉，其成分接近母乳，适合婴幼儿的消化能力和肾功能。如果选用兽乳喂哺婴幼儿，要进行合理加工（如稀释、煮沸），并按时添加合理辅食（6月龄以上婴儿均要）和补充维生素、微量元素。

（二）选择乳具

1. 奶瓶的选择

按照材质不同，奶瓶分为玻璃奶瓶和塑料奶瓶等。按照口径不同，奶瓶可分为标准口径奶瓶（3.5cm 左右）和宽口径奶瓶（5cm）。按照容量不同，奶瓶可分为 120ml、160ml、200ml、240ml 等多种容量。婴幼儿奶瓶应选择大口直立型、玻璃制品，便于清洗、消毒。1 ～ 2 月的婴儿每次喂哺乳量为 100 ～ 120ml，应使用 120ml 奶瓶；随着月龄增长，再使用 200ml 以上的奶瓶。塑料奶瓶质轻、不易碎，适合外出时使用及较大婴儿自己拿用。家庭中通常购买一大一小两个奶瓶，大奶瓶用来喝奶，小奶瓶用来喝水。

2. 奶嘴的选择

按照材质不同，奶嘴可分为硅胶奶嘴和乳胶奶嘴。目前被采用最多的是硅胶奶嘴。奶嘴的软硬度与奶嘴孔的大小应适宜，孔的大小以奶嘴倒置时液体呈滴状连续滴出为宜。要根据婴幼儿的年龄和实际需求选择奶嘴，适合婴幼儿的不同型号奶嘴选择参考表，如表 2－1－1 所示。

表 2－1－1　适合婴幼儿的不同型号奶嘴选择参考表

婴幼儿类型	新生儿、早产儿	2 ～ 3 个月的婴儿	吃奶时间长、体重过轻的婴幼儿	已添加辅食的婴幼儿	食用果汁、稀米糊、粗颗粒饮品的幼儿
型号	圆孔小号	圆孔中号	圆孔大号	Y 字形孔	十字形孔
吸吮时流量	较少	稍多	较多	稳定	大

（三）每日提供适宜奶量

不同月龄的婴幼儿对奶量的需求是不同的，尤其是人工喂养的婴幼儿，如果掌握不好吃奶量，很容易导致他们营养不良或者营养过剩。0 ～ 3 个月的婴儿不定时喂养，一天 7 ～ 9 次，每次 50 ～ 120ml，每日总奶量为 500 ～ 800ml。4 ～ 6 个月的婴儿每天冲泡奶粉 6 ～ 7 次，喂奶间隔 3 ～ 4 小时，总奶量 600 ～ 800ml。7 ～ 12 个月的婴儿，每天 4 ～ 6 次，喂奶间隔时间为 4 ～ 5 小时，每日总奶量为 800 ～ 1 000ml。随着辅食的继续增加，奶量逐步减少，1 ～ 2 岁婴幼儿饮食逐渐与成人一日三餐同步，还要保证每天奶量 500ml 左右。2 岁后婴幼儿每天饮用 300 ～ 400ml 奶或相当量奶制品。

二、人工喂养的实施

（一）做好准备

环境温暖、安全、温馨，可播放轻柔的音乐。准备足量奶粉、奶瓶、恒温水壶、已消毒的小毛巾等物品，与婴幼儿人数相符。照护者着装整齐，身上无佩戴任何首饰，指甲修剪干净，洗净双手，心情愉悦。

（二）操作过程

1. 检查奶粉

奶粉在保质期内，且清洁无污染，阅读奶粉调配说明书，根据婴幼儿的月龄及产品包装上的喂哺表，计算应调配的液体量。

2. 准备器具

准备好已清洁并消毒的奶瓶，将饮用水煮沸 5 分钟，凉至 37℃～ 40℃。

3. 冲调奶粉

将恒温水（开水凉至 40℃～ 60℃）根据所要冲调的量倒入消毒好的奶瓶中；用专用量勺量取奶粉，多出量勺上沿的奶粉要刮去，保证量取奶粉的准确；将正确量的奶粉加入盛有温开水的奶瓶中；用专用搅拌棒搅拌或者顺时针轻轻摇动奶瓶，使奶粉溶解均匀，然后盖上奶瓶盖。

4. 试奶温及流速

将奶瓶倒置，将奶水滴于喂哺者前臂内侧的皮肤上测试奶温，以略温热、不烫手为宜。如果太凉，放在热水中或者温奶器中加热；如果太热，放在冷水中降温。将奶瓶朝下，让奶水自然流出。如果奶水呈水滴状，其流量每秒两滴左右，说明吸孔大小和流速适宜。

5. 奶瓶喂哺

将婴儿抱放至双膝上，取半坐位，在婴儿颈前铺上小毛巾，婴儿的头斜枕于喂哺者左臂上，右手拿奶瓶喂哺。用奶头碰触婴儿的嘴唇以刺激吸吮动作，将奶嘴小心放入婴儿口中。每次喂哺时间应为 15 ～ 20 分钟，不宜超过 30 分钟（不强迫婴儿每次都喝完奶瓶中的奶水）。

6. 轻柔拍嗝

喂哺完后马上轻轻拿出奶瓶，用小毛巾将婴儿的嘴巴擦拭干净。可用直立抱法，用空心掌轻轻拍婴儿的背部，从下往上拍，直到婴儿打出嗝为止，这样可以防止婴儿吐奶。不管是抱起来还是放下去，动作都要轻、慢，不晃动婴儿，以免发生吐奶不适。

资料链接

不同拍嗝的方法

不同的拍嗝方法，如图 2－1－1 所示。

图 2－1－1　不同的拍嗝方法

直立式拍嗝：抱起婴儿，头部位于喂哺者的肩膀上，将四指和拇指并拢成碗状（对较小的婴儿可以两到三指并拢），用适量频率和力量，由下向上有节奏、有一定力度地进行拍打、震动背部。

端坐式拍嗝：将婴儿放在膝盖上面，然后用双手分别支撑其头部和后背，同时轻轻拍打后背。

侧趴式拍嗝：把婴儿放在大腿上，然后轻轻拍打婴儿的后背。

7. 收拾整理

喂哺结束后将人工喂养的各项物品收拾整理，做好清洁消毒工作，以便下次使用。

（三）注意事项

1. 正确冲调配方奶

冲泡奶粉时，一定要先放水，再放奶粉；要严格掌握奶粉与水的比例；摇晃奶瓶时不要太过用力上下摇晃，应顺时针轻轻摇晃直至奶粉完全溶解。奶温要适宜，喂奶过程中要注意奶温。

2. 奶具要清洁卫生

喂哺后及时清洗、消毒、晾干奶具，并专门存放于干净卫生的地方。奶品、奶具均要注意安全、卫生，预防婴幼儿腹泻。

3. 喂哺姿势要正确

抱婴幼儿要稳，姿势要正确；奶嘴不要过深，以免呛着或噎着婴幼儿；将整个奶嘴含入婴幼儿嘴内，与婴幼儿身体成直角，奶嘴里充满奶液，不要有空隙；吸奶过程中奶嘴变成扁形，可以轻轻地把奶嘴从婴幼儿的嘴里取出来，再接着喂；拍嗝时，婴幼儿头、背颈部要有支撑点。

4. 添加辅食，补充水分

随着月龄增长，婴幼儿需要添加适当的辅食，满足其生长需要（参见任务二的内容）。喂哺配方奶的婴幼儿需要额外补充水分，两次喂养间隔喂给适量的温开水，预防婴幼儿便秘。夏天或气候干燥也可适当增加喂水量。

回应性照护要点

1. 支持母乳喂养

托育机构在妇幼保健机构、基层医疗卫生机构的指导下，做好母乳喂养宣教。按照要求设立喂奶室或喂奶区域，并配备相关设施、设备。鼓励母亲进入托育机构亲喂，做好哺乳记录，保证按需喂养。

2. 顺应性喂养

顺应性喂养是“孩子与看护者之间的相互作用”的婴幼儿喂养模式。英文为

“responsive feeding”，意思是“应答式喂食”。托育机构应根据不同年龄婴幼儿的营养需要、进食能力和行为发育需要，提倡顺应性喂养。喂养过程中，应及时感知婴幼儿发出的饥饿和饱足反应（动作、表情、声音等），及时做出恰当的回应，鼓励但不强迫进食，让婴幼儿逐步学会独立进食。尤其要注意的是，喂养婴幼儿时，托育师或其他照护者要态度温和，事先打招呼，如“宝宝，我们喝奶了”，眼睛与婴幼儿对视，让他们感到温暖愉悦，满足其心理需求。还要留心观察婴幼儿人工喂养后的情况，如结合每日排尿次数、睡眠及生长发育状况等判断是否营养适当，是否出现配方奶不耐受的情况。

任务二　婴幼儿辅食

情境导入

某宝妈：“宝宝快半岁了，我早早就等着给他制作辅食了，搜集食谱，购买宝宝餐具、餐椅，研究各种婴儿米粉、泥糊、营养餐的制备方法，只等着宝宝大快朵颐！可是……自己用心搅匀的稠米糊，宝宝的小舌头怎么一个劲儿地往外顶呢？色香味俱佳的蔬菜蛋羹，宝宝吃了几口就扭头。”请帮助该宝妈给婴幼儿合理添加辅食。

一、辅食添加的原则

辅食即婴儿辅助食品，又称断奶食品。它并不仅仅指婴儿断奶时所食用的食品，而是指从单一的乳汁喂养到完全“断奶”这一时间段（0～2岁）内所添加的“过渡”食品。注意：辅食不能算作正常一餐，主要用于在充足母乳条件下的正常补充。

（一）添加辅食的原因

婴儿4个月以后，单靠母乳来补充能量，蛋白质、铁、锌、钙、矿物质及维生素已经不能满足其生长发育的需求了。添加辅食能满足婴儿营养需求，锻炼咀嚼、吞咽能力，提高胃肠道消化能力，促进乳牙萌出和颌骨的发育，为断奶做好准备，也为良好的饮食习惯打下基础。

（二）辅食添加的原则

1. 及时添加

人工喂养婴儿从4月龄开始添加辅食，母乳喂养婴儿从6月龄开始添加辅食，首选富含铁的泥糊状食物。现在越来越多的母婴专家提倡婴儿辅食应最先添加强化铁米粉。有学者建议 8 个月后再给婴儿加蛋黄，1 岁后添加蛋白，因为有些婴儿被发现过早加蛋黄而导致过敏和消化不良。

2. 由少到多

开始时只喂婴儿一勺尖量的新食物，待婴儿习惯了新食物后，再逐渐增加每次的喂养量。比如添加蛋黄时，先从 1/4 个甚至更少量的蛋黄开始，如果婴儿能接受，保持几天后再增加到 1/3 的量，然后逐步加量到 1/2、3/4，直至整个蛋黄。

3. 从一种到多种

鼓励婴儿尝试新的食物，每次只引入一种，留意观察是否出现呕吐、腹泻、皮疹等不良反应，待其适应一种食物后再添加其他新的食物。若婴儿出现不适或严重不良反应，立即送医并及时通知家长。添加辅食时，应逐渐增加食物种类，保证食物多样化，包括谷薯类、豆类和坚果类、动物性食物（肉、鱼、禽及内脏）、蛋、富含维生素 A 的蔬果、奶类及奶制品等。

4. 由稀到稠

起初给婴儿选择质地细腻、较稀的辅食，后逐渐增加辅食的黏稠度，让婴儿胃肠道慢慢适应。如婴儿从喝米汤到稀粥，到稠粥，再到软饭的过程，就是遵循了从稀到稠的原则。辅食的添加与婴幼儿的咀嚼吞咽能力相适应，逐渐调整辅食质地，从稠粥、肉泥等泥糊状食物逐渐过渡到半固体或固体食物等。1 岁以后可以吃软烂食物，2 岁之后可以食用家庭膳食。

5. 由细到粗

开始添加辅食时，为了防止婴儿发生吞咽困难，应选择颗粒细小的辅食。随着婴儿咀嚼能力的完善，逐渐增大辅食的颗粒。比如从添了奶或汤汁的土豆，再到纯土豆泥，最后到碎烂的小土豆块的过渡。

二、辅食添加的顺序

照护者应根据婴儿不同生长发育时期的生理特点，有目的、有计划地添加适宜的辅食。婴儿辅食添加顺序如表 2-2-1 所示。

表 2-2-1 婴儿辅食添加顺序

月龄	添加的辅食品种	供给的营养素
2～3月	鱼肝油	维生素 A、D
4～6月 每天奶量 800ml 左右 （逐渐减少夜间哺乳，添加泥状食物）	米粉糊（第一阶段）、麦粉糊、稀粥等淀粉类	能量（训练吞咽能力）
	根茎类、叶菜汁（先）、果汁（后）、叶菜泥、水果泥	维生素 C、矿物质、纤维素
	（混合、人工喂养第 6 个月）蛋黄、动物血、肝泥、豆类、豆腐花或嫩豆腐	蛋白质、铁、锌、钙、B 族维生素
	鱼肝油	维生素 A、D

续表

月龄	添加的辅食品种	供给的营养素
7～9月 每天奶量 800ml 左右 （添加末状食物）	米粉糊（第二阶段）、稠粥、饼干、面包	能量（训练咀嚼能力）
	根茎类、蔬菜、水果	维生素 C、矿物质、纤维素
	蛋黄、动物血、肝泥、碎肉末、无刺鱼泥、较大月龄婴儿奶粉、大豆制品	蛋白质、铁、锌、钙、B 族维生素
	鱼肝油	维生素 A、D
10～12月 每天奶量 500～800ml （添加碎状、丁块状、指状食物）	稠粥、烂饭、面条、饼干、面包、馒头、粗粮等	能量（训练咬嚼能力）
	根茎类、蔬菜、水果	维生素 C、矿物质、纤维素
	全蛋、动物血、无刺鱼、肝泥、碎肉末、无刺鱼泥、较大月龄婴儿奶粉或全脂牛奶、酸奶类、大豆制品	蛋白质、铁、锌、钙、B 族维生素
	鱼肝油	维生素 A、D

4～6个月：此阶段婴儿舌头会前后运动，将舌尖的食物送到咽部，吞下食物，是训练吞咽的关键时期。应选稀糊状食物。

7～9个月：此阶段婴儿会用舌与上颚将食物碾碎，是学习咀嚼的关键时期。应选较稠泥糊状食物，尝试添加切碎的软食。

10～12个月：婴儿学会用牙床咀嚼食物，舌头能左右运动，此阶段训练重点仍为咬、嚼。应选择煮软的蔬菜、切碎的肉类。

12个月以上：随着牙齿的萌出和完善，婴幼儿的口腔动作也来越丰富，咀嚼吞咽动作更协调，此阶段的训练重点为咀嚼后的吞咽。应选择添加较粗的固体食物，食物要多样化，如水饺、馄饨、软米饭、其他纤维不太多的成人食物。

三、辅食的制作

（一）认识工具

制作辅食要选择材质稳定、安全无毒，易清洗消毒、形状简单且色浅、易发现污垢的用具。

1. 砧板

砧板是需要多次使用的辅食用具，尽可能准备一个小型的砧板供婴幼儿专用，要常洗、常消毒。最常见的消毒方法是开水烫煮，也可以选择日晒。

2. 刀具

给婴儿做辅食用的刀具最好专用，并且生熟食所用刀具分开。如果是家庭共用的刀具，一定要洗干净、消毒后再使用。

3. 蒸锅

蒸锅在蒸熟或蒸软食物时使用。蒸制的食物口味鲜嫩、熟烂、含油脂少，能在很大程度上保存营养素，是辅食常用的烹饪手法。

4. 辅食研磨器

辅食研磨器包含研磨板、研磨碗、研磨棒、榨汁器、过滤网等多种小工具，是研磨、榨汁、切丝、做糊状食物必备的用具。食物细碎的残渣很容易藏在辅食研磨器的细缝里，每次使用后都要彻底清洁干净、晾干。

部分辅食制作用具，如图 2－2－1 所示。

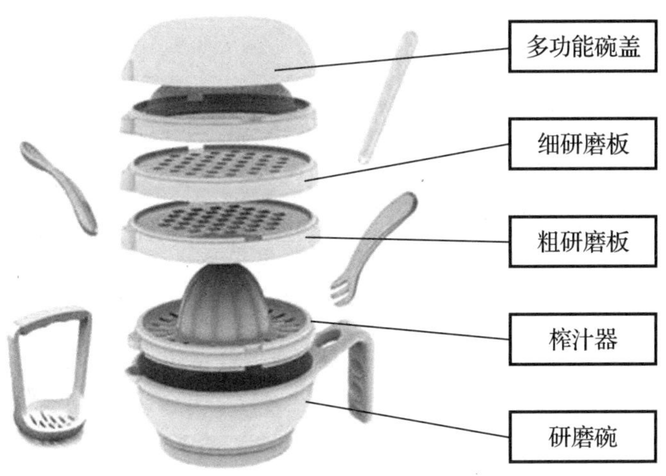

图 2－2－1　部分辅食制作用具

（二）辅食制作

1. 蔬菜类

菜泥：选择菠菜等绿叶蔬菜，摘取嫩菜叶。水煮沸后将菜叶放入水中略煮，捞出剁碎或捣烂成泥状。

根块泥 / 果实：将胡萝卜洗净，切成小块后煮烂或蒸熟，压成泥状或捣烂。其他类似的食物如土豆、红薯、南瓜等也可以同样操作。

2. 水果类

苹果泥：将苹果切成两半去核，轻轻刮成泥状。

香蕉泥：香蕉剥皮，用勺轻轻刮成泥状或捣烂。与香蕉类似的软质食物还有牛油果、火龙果等，同样是剥皮取肉做成泥糊。

3. 荤菜类

肉泥：选用瘦猪肉、牛肉等，洗净后剁碎，或用食品加工机粉碎成肉糜，加适量的水蒸熟或煮烂成泥状。加热前先将肉糜碾压一下，或在肉糜中加入鸡蛋、淀粉等，可以使肉泥更嫩滑。将肉糜和大米按 1∶1 的比例煮烂成黏稠的粥适合 7 月龄婴儿食用。

肝泥：将肝洗净、剖开，用刀在剖面上刮出肝泥，或将剔除筋膜后的鸡肝、猪肝等剁碎或粉碎成肝泥，蒸熟或煮熟即可，也可将各种肝脏蒸熟或煮熟后碾碎成肝泥。

鱼泥：将鱼洗净，蒸熟或煮熟后，去皮、去骨刺，将留下的鱼肉碾压成泥状即可。

（三）注意事项

（1）原料新鲜，现吃现做，食品留样备查。
（2）单独制作，保证食品安全卫生。
（3）不加或少加糖、盐及其他调味品，避免油腻。
（4）合理烹调，宜采用蒸、煮、炖、煨等方法，少油炸、熏制食物。

回应性照护要点

1. 循序渐进，顺应喂养

托育机构要坚持顺应性喂养的原则，辅食添加之初，托育师要用小匙耐心喂婴儿，不可将米粉等放入奶瓶喂。婴儿 7 ～ 8 个月后可尝试自己拿食物吃，进食过程注意安全。喂养过程中要循序渐进，多次尝试，不强迫婴儿进食，注意观察和倾听，在婴儿发出有关喂养的信号后给予回应，以后逐渐定时定量。逐渐引导婴儿从试食（喂食）、适应（观察）到接受、喜欢新食物（自主进食）。

2. 恰当时间，愉悦进食

在婴儿喂奶之前、身体健康时添加辅食，天气炎热或患病期间应减少辅食量或暂不添加辅食，以免造成消化不良。

保育人员给婴儿喂辅食时，注意自身着装、洗净双手，给婴儿洗手、擦嘴，并戴上小围兜。保育人员一只手将婴儿抱在怀中，让其坐在自己大腿上，背靠在臂弯中，另一只手用小汤匙（软匙）喂送。喂食前要和婴儿打招呼，诱发婴儿的食欲。刚开始喂食，有时婴儿会哭闹，用舌头往外顶食物，只要耐心坚持，婴儿就会逐渐接受。喂食时要有耐心，少量而多次提供，吃后给予热情的鼓励，也可以自己做出示范动作。应调节食物的色、香、味、形，尽可能符合婴儿喜好，使婴儿保持对食物的兴趣，为进食创造愉快的氛围。

任务三　膳食计划和食谱制定

情境导入

高同学进入托育机构实习 1 个月了，今天带教老师让她尝试为 13 ～ 18 月龄的婴幼儿设计一周的带量食谱，这可难倒了她。

为什么要制定带量食谱？如何科学制定婴幼儿一周的食谱呢？

一、婴幼儿均衡膳食的原则

合理营养是指每天让婴幼儿有规律地按照适当比例摄取生长发育所需要的各种营养素。均衡膳食就是更好地发挥各种食物的营养效能和提高各种营养素的生理价值。

（一）品种多样

既有动物性食物，也有植物性食物。膳食可由谷、豆、肉、蛋、蔬菜、水果、油类及糖等各种调味品组成，任何单一的食物都不能满足婴幼儿对营养素的需要。

（二）比例适当

摄入人体内的各种营养素之间存在着相互配合与相互制约的关系，如果摄食的某种营养素超量，机体的正常机能就会受到影响。

（三）饮食定量

膳食结构的科学合理是指婴幼儿摄取的各类食物都要有一定的量（推荐膳食量），任何一种食物过量都会对婴幼儿的健康不利。部分辅食食材的简便计量如图 2－3－1 所示。

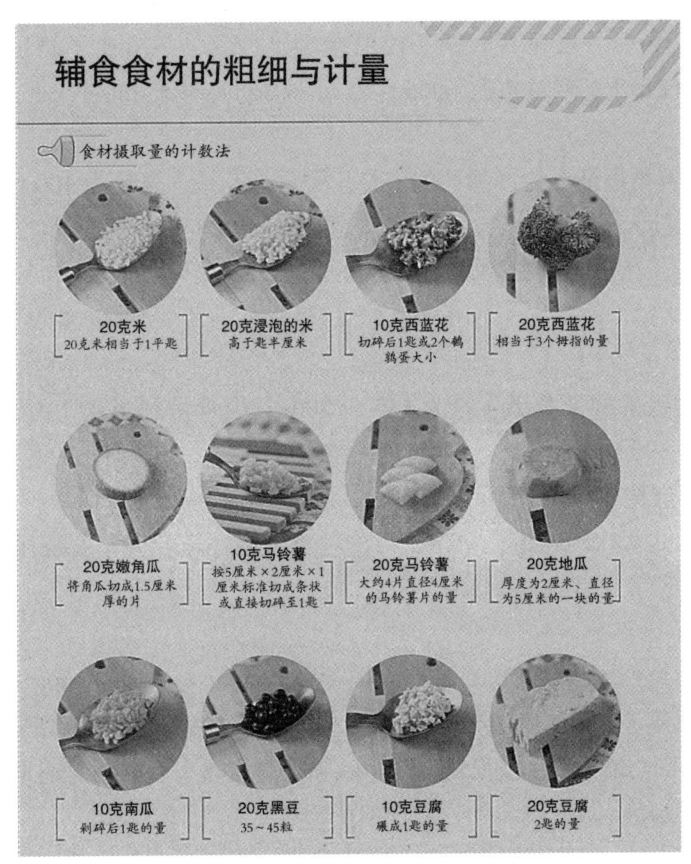

图 2－3－1　部分辅食食材的简便计量

图片来源：吴莹．宝宝辅食制作与添加．长春：吉林科学技术出版社，2016：19.

（四）调配得当

根据我国的国情，婴幼儿的膳食应做到5个搭配，即动物性食物与植物性食物搭配，荤素搭配，粗粮与细粮搭配，干稀搭配，咸甜搭配。除此之外，每星期还可以吃1～2次猪肝、鱼类或禽类；吃2～3次海带、紫菜、黑木耳等菌藻类和含钙、铁较丰富的芝麻酱等食物。

二、婴幼儿膳食计划

（一）膳食的种类与数量

根据婴幼儿的年龄、性别、活动量等规划其饮食方案，制定相应的食谱，避免过多或过少进食，否则易造成肥胖或消瘦、营养不良等。可参考《中国居民膳食指南（学龄前）》(以下简称《膳食指南》）的相关要求。

（二）各类食物选择的建议

1. 奶类

膳食宝塔建议7～12月龄婴儿每日母乳500～700ml，不能母乳喂养的，可选择婴幼儿配方奶粉。一般来说，7～12月龄婴儿每天4～6次，奶量不低于600ml。1～2岁幼儿建议每天奶量400～600ml，2～6岁幼儿每天350～500g乳制品。

2. 谷类

2岁以后，谷类逐渐成为婴幼儿的主食，每日推荐摄入总量为100～150g。烹调方法多样，如软米饭、米粥、面条、面包、花卷、饺子、包子、馄饨等。应注意膳食种类丰富、花样翻新，经常轮流交替，激发婴幼儿食欲。根茎类的食物，如土豆、红薯等，可以少量尝试食用。

3. 蔬果类

每日蔬菜和水果的推荐摄入量为150～200g，由少量到多量，由一种到多种。在蔬菜的选择上，不要选用韭菜、芹菜等含纤维素较多、不容易消化的蔬菜，多选用菠菜叶、胡萝卜、西红柿等绿色和黄红色蔬菜，制作上要注意切碎、切细、煮软。多数水果有甜味，是婴幼儿喜欢的味道，可供选择的种类较多，适合婴幼儿食用的水果有苹果、香蕉、桃子、橘子等，宜选当季水果。

4. 荤菜类

每天蛋类、鱼虾、禽畜（瘦）肉类的推荐婴幼儿摄入总量为100g左右，它们是优质蛋白的主要来源。过敏体质的婴幼儿慎重选择蛋类、鱼虾。禽畜（瘦）肉占一半左右，但不应过量，否则会增加饱和脂肪的摄入量，长期食用易引发婴幼儿超重或肥胖。

5. 豆类及豆制品

豆类及豆制品在《膳食指南》中没有建议量，可以适量吃一些豆腐、豆腐脑。豆浆不适合2岁以内的婴幼儿饮用；不宜给婴幼儿吃黄豆、毛豆等整粒的豆子；腐竹、豆皮、豆腐干等豆制品最好在3岁以后食用。

三、制定科学、合理的食谱

不同食物的色、香、味可以调动婴幼儿的食欲，要根据不同月龄婴幼儿的消化吸收能力制定每日不同的食谱（见表 2－3－1 和表 2－3－2）。

表 2－3－1　13～24 个月婴幼儿一周带量食谱推荐

时间	星期一	星期二	星期三	星期四	星期五	星期六	星期日
6:00	配方奶或 5% 加糖牛奶 210ml；小肉包：面粉 15g、肉 10g	配方奶或 5% 加糖牛奶 210ml；面饼：鸡蛋 1 个、面粉 15g、油 2g、糖 5g	配方奶或 5% 加糖牛奶 210ml；牛奶麦片粥：鸡蛋 1 个、麦片 15g	配方奶或 5% 加糖牛奶 210ml、面包 1 片、果酱适量	配方奶或 5% 加糖牛奶 210ml、馒头 1 片、鸡蛋半个	配方奶或 5% 加糖牛奶 210ml、豆沙方糕半块	配方奶或 5% 加糖牛奶 210ml、小蛋糕半个
9:00	配方奶或加糖牛奶 100ml、小馒头 1 块、苹果 50g	配方奶或加糖牛奶 100ml、饼干 1 块、猕猴桃 50g	配方奶或加糖牛奶 100ml、小花卷 1 个、香蕉 50g	配方奶或加糖牛奶 100ml、饼干 1 块、橘子 50g	配方奶或加糖牛奶 100ml、小蛋糕 1 块、苹果 50g	配方奶或加糖牛奶 100ml、小米糕 1 块、梨 50g	配方奶或加糖牛奶 100ml、小蛋糕 1 块、苹果 50g
12:00	软饭：米 30g；土豆肉末：肉末 25g、土豆泥 25g、胡萝卜 10g、油 4g、盐适量	青菜鸡丝面：面条 30g、鸡丝 25g、青菜 30g、胡萝卜 10g、油 4g、盐适量	荠菜肉馄饨：面粉 25g，青菜、荠菜 25g，麻油 2g，盐适量	软饭：米 30g；炒猪肝：猪肝 25g、胡萝卜 15g、卷心菜 25g、油 4g、盐适量	软饭：米 30g；番茄鱼片：青鱼 25g、番茄 50g、鸡蛋半个、油 4g、盐适量	青菜蛋花面：面条 30g、鸡蛋 1 个、肉末 10g、青菜 4g、油 4g、盐适量	软饭：米 30g；黄芽菜炒鸡肝：鸡肝 25g、白菜 25g、胡萝卜 15g、油 4g、盐适量
15:00	赤豆粥：米 15g、赤豆 3g、糖适量	小菜包：面粉 15g、青菜 5g、豆腐干 5g、麻油 2g	小蛋糕 1 个、苹果汁 100ml	青菜蛋花煨面：面条 15g、青菜 10g、鸡蛋 1 个	营养奶糊：奶糊 20g	蒸南瓜：南瓜 50g	蒸鸡蛋：鸡蛋 1 个、麻油 2g、盐适量
18:00	软饭：米 25g；番茄炒蛋：番茄 30g、油 4g、盐适量	软饭：米 25g；炒鱼片：青鱼 25g、油 3g；紫菜豆腐汤：豆腐 25g、紫菜 1g、盐适量	软饭：米 25g；炒鳝丝：鳝丝 25g、胡萝卜 25g、土豆丝 25g、油 4g、盐适量	软饭：米 25g；虾仁蒸蛋：虾仁 10g、鸡蛋 1 个、麻油 2g、盐适量	软饭：米 25g；青菜肉丸：猪肉末 25g、青菜 30g、油 4g、盐适量	软饭：米 25g；清蒸鲳鱼：鲳鱼 30g；土豆胡萝卜泥：土豆 25g、胡萝卜 25g、肉末 10g、油 4g、盐适量	软饭：米 25g；洋葱牛肉：牛肉末 25g、卷心菜 25g、洋葱 10g、油 4g、盐适量
21:00	配方奶或 5% 加糖牛奶 210ml	配方奶或 5% 加糖牛奶 210ml	配方奶或 5% 加糖牛奶 210ml	配方奶或 5% 加糖牛奶 210ml	配方奶或 5% 加糖牛奶 210ml	配方奶或 5% 加糖牛奶 210ml	配方奶或 5% 加糖牛奶 210ml

表 2-3-2　25～36 个月婴幼儿一周带量食谱推荐

时间	星期一	星期二	星期三	星期四	星期五	星期六	星期日
6:00	配方奶或加糖牛奶 210ml；麦片粥：麦片 20g、鸡蛋 1 个	配方奶或加糖牛奶 210ml；面包夹鸡蛋：面包 20g、鸡蛋 1 个	配方奶或加糖牛奶 210ml；鸡蛋面饼：鸡蛋 1 个、面粉 25g、糖 5g	配方奶或加糖牛奶 210ml；豆沙包：面粉 20g、豆沙 5g、糖 5g	配方奶或加糖牛奶 210ml；馒头夹红肠：面粉 25g、小红肠 1 根	配方奶或加糖牛奶 210ml；小笼包：面粉 25g、猪肉 15g	配方奶或加糖牛奶 210ml；鸡蛋葱油饼：鸡蛋 1 个、面粉 25g、葱 1g、油 3g、盐适量
9:00	豆浆 100ml、饼干 2 块	配方奶或加糖牛奶 100ml、饼干 2 块	配方奶或加糖牛奶 100ml、饼干 2 块	配方奶或加糖牛奶 100ml、饼干 2 块	豆浆 100ml、饼干 2 块	配方奶或加糖牛奶 100ml、饼干 2 块	花生豆浆 100ml、饼干 2 块
12:00	软饭：米 35g；炒鸡丁：鸡肉 35g、花菜 25g、胡萝卜 15g、黑木耳 2g、油 5g；紫菜虾皮汤：紫菜 1g、虾皮 1g、麻油 2g	蘑菇虾仁面：面条 50g、蘑菇 25g、胡萝卜 15g、小豌豆 15g、虾仁 35g、油 5g、盐适量	软饭：米 40g；炒猪肝：猪肝 35g、黄芽菜 25g、油 4g、盐适量；紫菜豆腐汤：豆腐 25g、紫菜 1g、麻油 2g	荠菜肉馄饨：面粉 40g、肉末 35g、青菜（荠菜）35g、麻油 3g、盐适量	软饭：米 40g；茭白鳝丝：鳝丝 30g、茭白 25g、油 4g；油焖茄子：茄子 50g、油 3g、盐适量	肉饼：面粉 40g、猪肉 35g、卷心菜 25g、胡萝卜 15g、麻油 3g、盐适量	软饭：米 30g；罗宋汤：牛肉 35g、土豆 25g、胡萝卜 15g、卷心菜 25g、番茄酱适量、油 4g
15:00	小馄饨：面粉 25g、猪肉 15g	赤豆粥：米 25g、赤豆 4g	蒸山芋：山芋 25g	糖芋艿：芋艿 25g、糖 5g	肉饼：面粉 25g、猪肉 10g、油 2g	软饼：面粉 25g、糖 5g	薄片糕：米粉 25g、糖 5g
18:00	软饭：米 35g；红烧带鱼：带鱼 35g；炒素：卷心菜 25g、胡萝卜 15g、土豆 15g、豆腐干 20g、油 5g、盐适量；苹果 1 个	软饭：米 35g；洋葱牛肉末：牛肉 35g、洋葱 20g、油 3g；青菜肉圆汤：猪肉末 10g、青菜 25g、麻油 2g；香蕉 1 根	软饭；米 35g；萝卜烧肉：猪肉 35g、萝卜 50g、酱油适量；炒青菜：青菜 35g、油 3g、盐适量；橘子 1 个	软饭：米 35g；虾仁鸡蛋：鸡蛋 1 个、虾仁 10g、油 5g；肉末豆腐羹：豆腐 25g、肉末 10g、麻油 2g；猕猴桃 1 个	软饭：米 35g；荷包蛋：鸡蛋 1 个、油 3g；菠菜鱼圆汤：鱼圆 25g、菠菜 25g、麻油 2g；梨 1 个	软饭：米 35g；青菜：青菜 30g、肉末 35g、油 4g；番茄蛋汤：番茄 25g、鸡蛋 1 个、油 3g；苹果 1 个	软饭：米 35g；糖醋鲳鱼：鲳鱼 35g、油 2g、糖醋适量；焖蚕豆：蚕豆 25g、油 4g；香蕉 1 根

续表

时间	星期一	星期二	星期三	星期四	星期五	星期六	星期日
21:00	配方奶或 5% 加糖牛奶 210ml	配方奶或 5% 加糖牛奶 210ml	配方奶或 5% 加糖牛奶 210ml	配方奶或 5% 加糖牛奶 210ml	配方奶或 5% 加糖牛奶 210ml	配方奶或 5% 加糖牛奶 210ml	配方奶或 5% 加糖牛奶 210ml

回应性照护要点

1. 婴幼儿膳食选择与食谱制定要符合婴幼儿的生理特点

（1）膳食要好消化：1～3 岁婴幼儿正在长牙，咀嚼能力差，胃肠道蠕动及调节能力较弱，各种消化酶的活性远不及成人。所以，在制作婴幼儿膳食时要剁碎、切细、煮烂、炖软，不要太油、太咸。一些刺激性强的食物，如辣椒、花椒、姜蒜等，不宜给婴幼儿食用，以免刺激胃肠，造成腹泻。

（2）膳食要营养均衡：婴幼儿从以乳类喂养为主、膳食为辅，逐渐过渡到以膳食为主。根据膳食计划，采取“同类异样”的方式制定一周带量食谱，1～2 周更换一次。在该阶段，要保证各种营养素及热能的适宜供应，否则将导致婴幼儿生长缓慢、停滞，甚至营养不良；或出现营养过剩，导致婴幼儿出现肥胖的症状。

（3）膳食选择要结合不同季节：粮食、蔬菜和水果都有生产和上市的季节性，婴幼儿的食欲会受不同气温的影响，要根据季节的变化来进行调整。如春季新鲜蔬菜较多，可选择菠菜、油菜、豆苗等蔬菜，再配上一些豆制品、肉类、蛋类等富含蛋白质的食品；夏季气温高、出汗多，应以清淡为主，选择能补充体内水溶性维生素 B 和维生素 C 的食物，特别要注意保持水盐平衡，可吃西瓜之类的水果，起到清热降暑的作用；秋季可选一些肉、蛋、奶等高蛋白、高热能的食物，多吃一些薯类和根茎类的蔬菜，如甜薯、胡萝卜等，以补充维生素 A 和碳水化合物；冬季可增加一些含脂肪的食物，以促进维生素 A、D、E、K 的吸收和利用。

（4）膳食要结合活动量：不同年龄的婴幼儿有不同的作息时间规律和活动内容，必须结合婴幼儿活动量大小与热能消耗量的多少来妥善地配制食物，才能保证营养平衡，做到供给和消耗的平衡。一般来说，断奶后的婴幼儿逐渐适应各种辅食后，可逐步过渡到每天“三餐三点”的膳食制度，3 岁以后为每天“三餐两点”。

2. 婴幼儿膳食选择与食谱制定要符合婴幼儿的心理特点

婴幼儿膳食要做到“色、香、味、形”俱全，即色诱人、香气浓、味道好、形状美等，以引起幼儿的进食欲望。如胡萝卜和豆制品可制成片、丝、块、卷等形状，配以带馅的面点和营养丰富的美汤，形成色彩鲜明的饭菜。再如，用西红柿、菠菜汁和蛋黄等调面制作的彩色水饺、彩色蝴蝶卷；层次分明的开花馒头，中间嵌以果脯、核桃仁的刺猬包、葵花包等；用海带丝、土豆丝、胡萝卜丝与肉馅制作成的菊花丸子、蛋羹白菜卷等都以形状和颜色取胜，比较符合婴幼儿的口味。

四、婴幼儿膳食制作举例

（一）适合 1 ～ 2 岁婴幼儿的膳食制作

膳食名称：手擀三色面条。

主料：面粉 90g，菠菜、紫甘蓝各 50g，鸡蛋 1 个。

制作步骤：

（1）打蔬菜泥：菠菜、紫甘蓝洗净，切小段，分别放入料理机打成泥浆（加少许水）。

（2）分别和面：面粉分成三等分，分别加入菠菜泥浆、紫甘蓝泥浆、鸡蛋和面，揉成表面光滑的面团（面团要稍硬一些），醒 15 ～ 20 分钟。

（3）分别擀面：案板上撒干面粉，将面团擀成圆饼。然后在面饼上撒干面粉，把面饼卷在擀面杖上，双臂均匀用力擀面。直到面饼有两个馄饨皮厚时，就可以将面皮折叠，然后切成韭菜叶宽窄的面条。

（4）煮面：炒锅烧热，放少许油，油热后放少许葱花炝锅，然后放一大碗水。水烧开后下三色面条，煮熟，放少许盐即可。

特点：颜色鲜艳，符合婴幼儿进食心理；口感软烂，利于婴幼儿咀嚼；富含碳水化合物、膳食纤维、维生素 C 和蛋白质，营养丰富。

（二）适合 2 ～ 3 岁婴幼儿的膳食制作

膳食名称：红烩牛肉饭。

主料：米饭小半碗（熟）、牛肉（上脑）500g、胡萝卜半根、土豆一个（小一些的土豆）、洋葱一个、西红柿两个。

制作步骤：

（1）炖牛肉：先将牛肉洗净，切成小三角块；汤锅内放大半锅水，将牛肉大火煮开；去浮沫后，放半个洋葱（切成大块）、姜片、甜面酱（或酱油、盐适量），焖制 3 小时左右（若用高压锅 40 分钟即可）。

（2）烩牛肉：胡萝卜、土豆、西红柿切小丁，洋葱切成小块。炒锅烧热，放植物油少许，烧热，洋葱爆香后放西红柿翻炒出红油。接下来放胡萝卜丁、土豆丁翻炒几下，放已经炖好的牛肉和牛肉汤适量。烩至土豆、胡萝卜软烂后再放适量白糖调成酸甜口味，关火。

（3）将适量烩好的牛肉浇在米饭上。

特点：颜色红亮，酸酸甜甜，最能刺激婴幼儿食欲。富含碳水化合物、脂肪、优质蛋白、铁、胡萝卜素等，营养十分丰富。

（三）贫血婴幼儿食疗

食疗名称：三红汤。

食疗功效：补血、调脾胃。

准备材料：花生衣、红枣、红豆各 40g。

制作方法：

（1）食材清洗，红豆提前浸泡一晚，将花生衣剥下来备用。

（2）将花生衣、红枣和红豆放在一起加 1 500ml 水煮，直至红豆煮熟即可。

食疗方法：佐餐或单独食用，小婴儿喝汤为主，较大婴幼儿喝汤吃红枣、红豆，可分 2 ～ 3 次用完，每次坚持 3 ～ 5 天。

任务四 进餐环境创设

情境导入

两岁半的小橘子是托育中心豆豆班新来的宝宝，妈妈发现小橘子在托育中心每次吃饭都能自己洗手、戴上围嘴，与孩子们一起安静围坐在小桌子旁，自己用勺子吃饭。小橘子妈妈问托育师："为什么小橘子在托育中心吃饭比在家里乖呢？"

进餐环境的优劣直接影响婴幼儿的膳食质量。进餐环境包括物理环境和心理环境两方面，尤其是轻松愉快的就餐心情可以促进消化吸收、增进食欲。

一、创设良好的进餐物理环境

（一）安静、整洁、舒适

婴幼儿进餐环境要设在安静、受干扰少的餐厅，应离开园内的游戏区，关闭电视、手机等电子设备。餐厅要保持光线充足、空气流通、温湿度适宜、环境安全，室内布置优雅整洁，给婴幼儿舒适的感觉。

（二）提供合适的专用餐具

婴幼儿吃辅食或独立进餐时，应选择合适的婴幼儿专用餐具，一般包括小碗、小勺、围嘴（围巾）、儿童餐桌椅等。餐桌椅与食具要可爱美观、大小适宜、耐热耐摔、材质安全、方便清洁消毒。合适的餐具能有效激发婴幼儿主动进餐的动力，婴幼儿看到熟悉的餐具就知道要吃饭了。

餐桌和餐椅的摆设尽量固定位置，形成仪式感，让婴幼儿形成到餐桌椅旁进餐的条件反射，有利于培养良好的进餐习惯。有固定的餐桌椅，托育师与婴幼儿坐在一起吃饭，有利于促进二者的亲密关系，也会使婴幼儿观察模仿成人、同伴的进餐动作。

选择直径较大、浅口、平底，有可爱图案的小碗，激发婴幼儿进餐的兴趣。

选择弯口、短柄的小勺便于婴幼儿抓握，勺头要圆润、较柔软，勺子有一定深度，可让婴幼儿获得成就感，也能减少漏洒食物。不要用硬的铁汤匙，以免口感不佳和烫到婴幼儿。如果婴幼儿对汤匙感兴趣的话，可多准备一支给他。

刚开始添加辅食的婴幼儿，只围上普通口水巾、罩衣即可。婴幼儿开始学习自主用餐时，可以戴上带口袋的围嘴，以免弄脏衣物。

二、创设温馨的进餐心理环境

（1）进餐气氛和谐，不强迫婴幼儿进食。

（2）在进餐时，照护者与婴幼儿之间要相互交流，以鼓励、表扬为主，营造宽松的进餐氛围。

（3）播放轻松、优美的音乐，以促进食欲。

（4）用温和的语言告诉婴幼儿餐具、食物的名称，使婴幼儿情绪愉快。

（5）餐前不处理问题，不体罚或批评，不引起婴幼儿哭闹。

（6）鼓励婴幼儿独立、自主进餐，充分享受自己吃饭的乐趣，锻炼其手部小肌肉以及手眼协调能力，建立自信心。

回应性照护要点

1. 耐心引导，帮助婴幼儿适应托育园的进餐环境

婴幼儿刚进入托育机构时，由于环境变化、食物种类和烹调方式与家庭不同，可能不适应托育园的进餐环境，需要保育人员用足够的耐心引导。不责备、不催促，适当等待、替换同类食物，尽可能照顾每位婴幼儿的喜好。婴幼儿自己愿意或能独立吃上几口，要及时给予鼓励、拥抱，以增加婴幼儿自己吃饭的信心。关注婴幼儿进餐时的情绪，要给予适当回应。

2. 支持鼓励、建立规则，培养婴幼儿良好进餐习惯

婴幼儿手部精细动作、手眼协调能力还不完善，拿勺子时会较为笨拙，自己吃饭可能会把衣服、脸上、地上弄得“一塌糊涂”。有些婴幼儿在家中养成吃饭不专心、边看电视边吃饭、不会咀嚼、含饭等不良饮食习惯。保育人员一方面要支持鼓励婴幼儿，必要时可部分喂食，引导婴幼儿学习进餐技能，宽容对待他们的

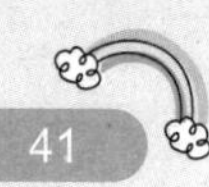

“笨拙”，让“宝宝慢慢吃”；另一方面也要建立一定的规则，如进餐礼仪、专心用餐。每天定时、定点、定量喂（吃）饭，有利于营养的充分吸收，培养婴幼儿的良好饮食习惯。

任务五　进餐习惯培养

情境导入

两岁八个月的小龙入托两个月了。这天午餐时间，他从老师手里接过碗，看了看饭菜，没有立刻吃，而是趴在了餐桌上。经提醒，小龙左手抱着碗，右手拿勺子舀饭，吃了一小口，停一会儿，听到旁边有人说话便立刻跑过去。

像小龙这样进餐的宝宝可不少，如何培养婴幼儿良好的进餐习惯呢？

一、进餐前：做好准备、激发食欲

（一）餐前准备

1. 清洁餐桌

餐桌用“几”字形擦拭方法擦拭 2 ～ 3 遍（见图 2－5－1）。

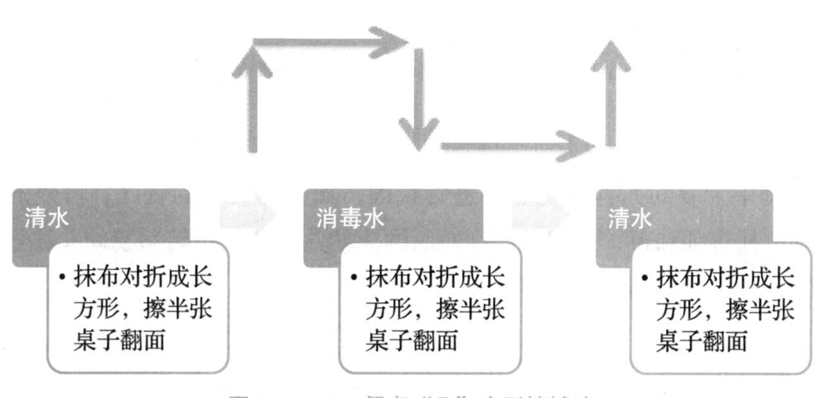

图 2－5－1　餐桌“几”字形擦拭法

2. 评估就餐环境

注意进餐环境的安全性、整洁性，温度、湿度适宜。

3. 分餐具、饭菜

（1）按次序发放餐具，盘子摆在碗的前面，碗摆放的位置应对着椅子的中间。

（2）分发筷子和勺子时，手应捏在勺柄处或筷子尾端，勺子或筷子应放在盘子上，摆放整齐。

（3）因人而异，少盛勤添。饭菜的温度要适宜。饭量小、吃饭慢、身体弱的婴幼儿先盛先吃，让他们坐在食欲较好的婴幼儿旁边；对于肥胖儿，可少添主食，多添蔬菜和粗纤维的食物；对不会独立用餐的婴幼儿，适度喂饭，并引导其学习独立进餐的技能；对哭闹的婴幼儿，将饭菜做保温处理，待其情绪稳定再用餐。

（二）激发食欲

1. 餐前仪式

餐前给婴幼儿换尿布，提醒婴幼儿去小便。餐前洗脸、洗手，戴上围嘴，做好就餐准备。3 岁左右的婴幼儿可以参与餐前的准备工作，如摆放餐具。保育人员或家庭成员、全体婴幼儿共同进餐，共同进餐不仅是寓教于生活的表现，也是重要的进餐礼仪。餐前可以欣赏熟悉的音乐或简单的诗歌、儿歌，如《悯农》《吃饭歌》等，以喜闻乐见的方式吸引婴幼儿进餐。

2. 激发食欲的方法

餐前 20 ～ 30 分钟避免过度兴奋或剧烈运动，让婴幼儿做一些安静活动或过渡性游戏，减少婴幼儿的消极等待时间。餐前半小时内不吃零食，以免影响婴幼儿的食量。

介绍当天的食物，食物要多样化，色、香、味俱全，以刺激婴幼儿的食欲。如当饭菜端出来后，采用灵活多样的方法，提高婴幼儿的食欲。如采用猜谜语的方式让婴幼儿猜猜饭菜的名称，采用讲故事的方法引导婴幼儿产生对某种事物的想象，也可以用夸张的语气说：“好香呀！西红柿炒蛋、菠菜，红红的、黄黄的、绿绿的，真好看，我都忍不住要吃了。”

二、进餐中：愉快进餐、养成技能

（一）营造氛围

进餐过程中为婴幼儿营造良好的进餐氛围，如整洁明亮的餐厅、可爱的餐具、悦耳的音乐等；托育师和蔼、亲切、周到地照顾婴幼儿进餐，不转移婴幼儿注意力，不批评、不催促，不要让婴幼儿过度兴奋。

（二）正确进餐

1. 用勺进食

照料者引导婴幼儿从 9 ～ 10 个月开始学习手指抓食，积极参与进食过程，由被动到主动进食。12 个月以后，婴幼儿练习自己拿勺子（照料者一把，婴幼儿一把）吃食物，动作逐渐熟练与准确，抛洒食物现象逐渐减少。借助示范、儿歌、鼓励等方法，教婴幼儿学习使用餐具。

2. 进餐姿势

脚平放在地面上，身体略前倾，一只手扶碗，另一只手拿勺子 / 筷子等，如需将碗端起，应用双手端。

3. 学习咀嚼

咀嚼是有节奏地咬、滚动、磨的口腔协调运动，学习咀嚼是正常发育和自我进食中的重要技能。出生 6 ～ 8 个月是训练婴儿咀嚼、吞咽的关键期，进食时应鼓励婴儿细嚼慢咽，闭口咀嚼。一口一口吃，咽下后，再吃下一口，不能一口吃得太多。餐前可先喝两口汤，湿润口腔，刺激消化液的分泌。

4. 进餐规则

12 ～ 18 个月：固定座位，喂食为主，但要诱发幼儿产生“我能自己吃”的感受。

18 ～ 24 个月：引导幼儿自主进餐，洗手后回到自己的座位上，逐步培养一只手扶碗、另一只手拿勺子 / 筷子等进餐的技能。

24 ～ 36 个月：引导幼儿愉快进餐，吃完才能离开餐桌，巩固自主进餐习惯。

5. 进餐时间

进餐时间一般是 20 ～ 30 分钟。

三、进餐后：自我服务、收拾整理

（一）自我服务

引导 18 个月后的幼儿自我服务，如协助将碗筷碟子放到指定的容器里，用温水漱口两次、擦嘴、洗手、搬椅子等。

（二）收拾整理

保育人员要做好对餐椅、餐具、地面的收拾、整理、清洁、消毒工作。餐后组织婴幼儿散步或做安静活动，为午睡做准备。

回应性照护要点

1. 进餐照护应有耐心、爱心、细心

充分理解婴幼儿进餐技能培养和进餐习惯养成需要一个过程。尤其不能因饭菜弄脏衣物批评婴幼儿。进餐时不催促、不比赛。让婴幼儿练习自己吃饭，不要随意中止。仔细观察、密切关注全体婴幼儿，保证进餐安全照护，吃带骨头和带刺的食物时更要加强看护；及时解决进餐中出现的意外，如呕吐、打翻饭碗等。对挑食、偏食的婴幼儿应耐心细致地引导。通过合理安排婴幼儿的身体活动和户外活动，让婴幼儿产生饥饿感，让婴幼儿吃得香。婴幼儿拒食时要家园合作查原因，不强喂，采取措施保证婴幼儿营养。

2. 婴幼儿食育

食育有益于身心健康，增进人际关系。托育机构应与家庭配合开展食育，让婴幼儿感受、认识和享受食物，培养良好的进餐行为和饮食习惯，启蒙中华饮食文化。

（1）引导感受食物：通过视觉、触觉、嗅觉、味觉、听觉感知食物的色、香、味、质地，激发婴幼儿对食物的兴趣，促进认识新食物。可以让婴幼儿观察或参与简单的植物播种、照料、采摘过程，并参与食物的制备，产生对食物的珍惜之情，懂得感恩食物、珍惜食物。

（2）培养饮食行为：营造安静温馨、轻松愉悦的就餐环境，引导婴幼儿享受食物，逐步养成规律、专注、自主进餐的良好饮食习惯。正确选择零食，避免高糖、高盐和油炸食品。

（3）体验饮食文化：结合春节、端午和中秋等传统节日活动，让婴幼儿体验中华饮食文化，培养用餐礼仪。

3. 婴幼儿特殊饮食的个别照护

24 个月的多多长得瘦瘦的、矮矮的，妈妈向托育师反映多多不爱吃瘦肉、猪肝、黄瓜，很多蔬菜水果也不爱吃。对食欲不佳甚至厌食的婴幼儿，应做到以下几点：第一，排除身体疾病等生理原因；第二，适当增加活动量、保证睡眠，使他们有饥饿感，增加食欲；第三，改变烹调方式，通过游戏引导，激发他们对食物的兴趣；第四，合理安排加餐和两餐的间隔，可不设加餐，先保证正餐，养成习惯；第五，控制进餐时间，婴幼儿如果不吃饭半个小时后就收拾，期间也不给零食，等正餐进食；第六，咨询医生给予健脾、开胃的适合小儿的中成药。

两岁半的亮亮长得虎头虎脑，惹人喜欢。可打预防针时医生提出亮亮体重超标了。原来亮亮喜欢吃肉，几乎不吃蔬果。偏食、挑食的不良进食行为都是后天形成的，我们允许婴幼儿有自己的食物偏好，但要保证膳食的营养均衡，让婴幼儿食物多样化。对于亮亮，可以先让他吃蔬菜馅水饺、喝点果汁，尝试和适应蔬果类食物，逐渐纠正偏食挑食的行为。

托育师对班上的超重儿、体弱儿、某种食物过敏的婴幼儿，均要给予个别照护。必要时请医生介入，制定专人食谱。

项目总结

婴幼儿饮食照护包括人工喂养、辅食制作、制定食谱、进餐照护四方面内容。人工喂养是婴幼儿喂养的主要方式之一，人工喂养过程中要知道人工喂养的准备、实施过程及注意事项。辅食是母乳喂养或人工喂养 4～6 个月后的重要营养补充，它在为过渡到普通饮食或断奶做准备。如何添加辅食呢？我们要掌握辅食添加的原则、顺序和辅食的制作。均衡膳食就是更好地发挥各种食物的营养效能和提高各种营养素的生理价值。制定食谱要遵循婴幼儿均衡膳食的原则，要有膳食计划，在此基础上，制定科学、合理的食谱。进餐环境的优劣直接影响婴幼儿的膳食质量，照护者要创设良好的进餐物理环境和心理环境。婴幼儿进餐习惯的培养极其重要，可以从进餐前、进餐中及进餐后三个环节培养婴幼儿良好的进餐习惯。

实践运用

1. 课程实训：编制带量食谱

要求：结合托育园见习，学生根据膳食计划和食谱编制要求，分别为 13 ～ 24 个月、25 ～ 36 个月婴幼儿编制托育园一周带量食谱。

2. 托育园实践：婴幼儿进餐环节的组织和照护

要求：学生在保健医和班级保育师的指导下，承担婴幼儿进餐环节的组织和照护工作，做好实习记录并做好总结。

备注：实训项目既可以结合本课程学习的进度，也可以结合学生的专项见习、实习进行。

一、选择题

1.（单选）1 ～ 2 月的婴儿每次喂哺乳量为（　　）。

A. 100 ～ 120ml　　B. 120 ～ 150ml　　C. 150 ～ 180ml　　D. 180 ～ 200ml

2.（单选）2 ～ 3 个月的婴儿宜选用的奶嘴是（　　）。

A. 圆孔小号　　B. 圆孔中号　　C. Y 字形孔　　D. 十字形孔

3.（单选）用奶瓶喂哺婴幼儿，每次时间建议为（　　）。

A. 5 ～ 10 分钟　　B. 10 ～ 15 分钟　　C. 15 ～ 20 分钟　　D. 20 ～ 30 分钟

4.（单选）人工喂养婴儿可以在（　　）开始添加辅食。

A. 2 月龄　　B. 3 月龄　　C. 4 月龄　　D. 5 月龄

5.（单选）2 岁以后，谷类逐渐成为婴幼儿的主食，每日推荐摄入总量为（　　）。

A. 80 ～ 100g　　B. 100 ～ 150g　　C. 150 ～ 200g　　D. 200 ～ 250g

6.（单选）婴幼儿进餐环境应（　　）。

A. 关闭电视、手机等电子设备

B. 设在安静、少受干扰的餐厅，离开园内的游戏区

C. 空气流通、温湿度适宜、环境安全，室内布置优雅整洁

D. 以上都是

7.（单选）婴幼儿餐前____应避免过度兴奋或剧烈运动。

A. 5 ～ 10 分钟　　B. 10 ～ 15 分钟　　C. 15 ～ 20 分钟　　D. 20 ～ 30 分钟

8.（单选）婴幼儿积极参与进食过程，开始学习手指抓食的时间是（　　）。

A. 5 ～ 6 个月　　B. 6 ～ 7 个月　　C. 7 ～ 8 个月　　D. 9 ～ 10 个月

9.（多选）人工喂养用来代替母乳的婴儿乳品有（　　）。

A. 牛乳　　B. 羊乳　　C. 配方奶　　D. 米粉

10.（多选）奶瓶的容量有（　　）。

A. 120ml　　B. 160ml　　C. 200ml　　D. 240ml

11.（多选）婴幼儿均衡膳食的原则为（　　）。

A. 品种多样　　B. 比例适当　　C. 饮食定量　　D. 调配得当

12.（多选）为婴幼儿创设温馨的进餐心理环境应做到（　　）。

A. 进餐气氛和谐，不强迫婴幼儿进食

B. 照护者与婴幼儿之间要相互交流，营造宽松的进餐氛围

C. 播放一些轻松、优美的音乐，以促进食欲

D. 用温和的语言告诉婴幼儿餐具、食物的名称，使婴幼儿情绪愉快

二、判断题

1. 用奶头碰触婴儿的嘴唇以刺激吸吮动作，将奶嘴小心放入婴儿口中，每次喂哺时间为 15 ～ 20 分钟，不宜超过 30 分钟。（　　）

2. 在婴儿喂奶之前、身体健康时添加辅食，天气炎热或患病期间应减少辅食量或暂不添加辅食，以免造成消化不良。（　　）

3.1 岁以后的婴幼儿可继续母乳喂养，每日母乳量约 100 毫升，持续至 2 岁自然离乳。（　　）

4. 婴幼儿吃辅食或独立进餐，应选择合适的婴幼儿专用餐具，一般包括小碗、小勺、围嘴（围巾）、儿童餐桌椅等。（　　）

5. 餐前半小时避免过度兴奋或剧烈运动，让婴幼儿做一些安静活动或过渡性游戏，减少婴幼儿的消极等待时间，半小时内可以吃零食，以提高婴幼儿的食量。（　　）

三、简答题

1. 简述婴幼儿人工喂养的准备工作。

2. 简述婴儿辅食添加顺序。

3. 简述婴幼儿进餐环境创设。

四、案例分析题

案例 1

星星 6 个月了，妈妈准备给他添加辅食。妈妈给星星准备了肉泥、鱼泥、肝泥。

问题：

（1）星星妈妈的做法正确吗？请说明理由。

（2）如果让你为 6 个月的婴儿添加辅食，你会怎么做？

案例 2

保育师小爱最近很困惑，班上 2 岁的豆豆吃饭的时候总是喜欢东张西望，身边稍微有一点儿响动，他就立刻把头转过去看，甚至放下碗筷凑过去。而且豆豆总是喜欢用勺子敲击桌子，他不用勺子舀饭吃，而是用手抓饭菜往嘴里送。

问题：

如果你是小爱老师，你会如何培养小朋友良好的进餐习惯？

项目三 婴幼儿饮水照护

学习目标

1. 关爱婴幼儿，养成婴幼儿饮水照护的敏感性和责任心。
2. 能照护婴幼儿饮水，正确给婴幼儿喂水，能指导婴幼儿饮水。
3. 掌握婴幼儿适宜饮水量、饮水时间，能培养婴幼儿的饮水习惯。

思维导图

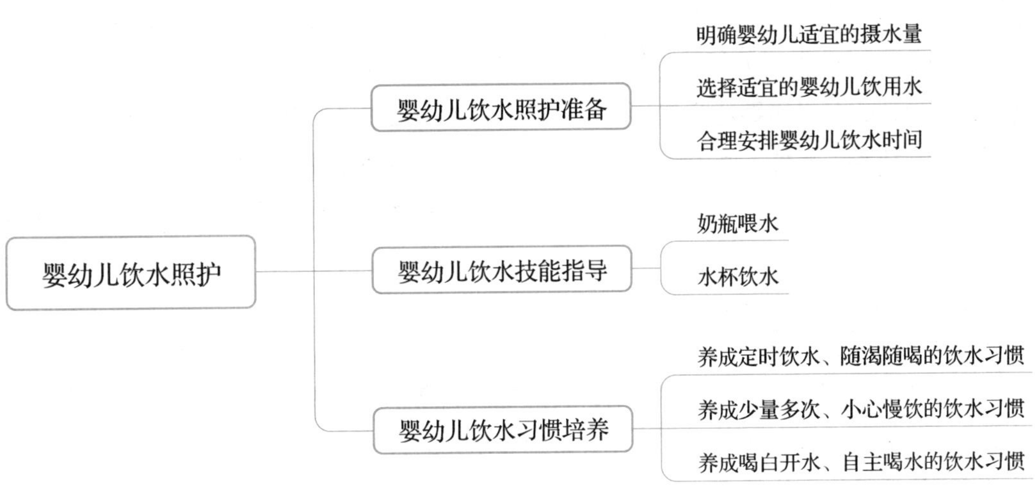

素养提升

素养元素 健康饮水、科学育儿；爱心、耐心、细心、责任心的职业素养

实施要点

1. 通过学习婴幼儿饮水照护的内容，帮助学生树立科学育儿的理念，能根据婴幼儿生理、心理发育特点和需求健康饮水，促进婴幼儿健康成长。
2. 在饮水准备、婴儿饮水照护等过程中，培养学生爱心、耐心、细心、责任心的职业素养。

学习建议

1. 回顾营养素知识，了解饮水照护对婴幼儿生长发育的重要性。
2. 查阅相关托育法规文件，了解关于婴幼儿生活照护的规定。
3. 利用实训环境及实习环节，熟练掌握婴幼儿饮水操作技能。

任务一　婴幼儿饮水照护准备

情境导入

一天中午，妈妈正在给6个月的丫丫喂水。邻居王阿姨看到后说：“孩子不需要喂水，你给孩子喂的水太多了。”丫丫妈妈感到很困惑。

一天中要不要给婴幼儿饮水？应该补充多少水分呢？

水是生命之源，水是人类赖以生存的重要物质。水对机体的重要性仅次于空气，正常人每天至少需要喝水1 500ml。假如人体水分的丢失达到20%，生命将无法维持。充足、适宜地饮水是保障婴幼儿健康成长的必要因素。婴幼儿机体内的水量来自以下几个方面：水，饮料，果汁，其他汤汁类食物，各种流质以及半流质食物，蔬菜、肉类、蛋类、水果、五谷类等固体食物中的水分，机体内新陈代谢过程中产热的同时也会有少量的水分产生。

一、明确婴幼儿适宜的摄水量

婴幼儿处于生长发育的关键时期，其渴觉机制尚未发育成熟，饮水不足或过量都会直接影响其身体健康和智力发育，还会影响婴幼儿的行为活动表现、认知功能和精神状态（如直觉性降低、注意力不集中、疲倦、头痛等）。因此，适宜摄入水对婴幼儿的健康发育尤其重要。中国营养学会推荐的婴幼儿适宜摄水量如表3－1－1所示。

表3－1－1　中国营养学会推荐的婴幼儿适宜摄水量

月（年）龄	建议摄入量	来源
0～6月龄	0.7L	母乳
7～12月龄	0.9L	约60%来自母乳，其余来自辅食和饮水
1～2岁	1.3L	约37%来自母乳，其余来自辅食和饮水
3岁	1.3L	约37%来自母乳，其余来自辅食和饮水
4～6岁	1.6L	食物和饮水来源各占约50%

（一）0～6 月龄婴儿

世界卫生组织（WHO）指出，0～6 月龄婴儿如果进行纯母乳喂养，不需要额外补充水分。在我国，0～6 月龄婴儿平均每日母乳摄入量约为 750ml，根据母乳中 85%～90% 的含水量，推算出我国 0～6 月龄婴儿的水适宜摄入量约为 700ml/ 天。喝奶后可喝一两口水，清洁口腔。

（二）7～12 月龄婴儿

世界卫生组织（WHO）指出，7～12 月龄婴儿每日母乳的平均摄入量约为 600ml，母乳提供的水量约为 540ml，加上添加辅食和饮水提供的水量约为 330ml，计算出此阶段婴儿的水适宜摄入量约为 900ml/ 天。建议每次饮用 30～50ml 温开水。

（三）1 岁以上幼儿

世界卫生组织（WHO）指出，1 岁以上幼儿每日母乳的平均摄入量约为 530ml，母乳提供的水量约为 480ml。美国儿科协会研究显示，来自辅食的能量要求达到 550 卡，幼儿每消耗 1 卡的能量就会产生 1.5ml 的水量，由此推算出来自辅食的水量为 825ml。因此，1 岁以上幼儿饮水推荐量为 1 300ml/ 天，其中 60%～70% 可以通过食物供给，30%～40%（约 400ml）需要单纯靠喝水来提供。建议幼儿每天喝水至少 8 次（包括在家和在园），每次 50～100ml 温开水，单次喝水量不超过 200ml。

上述数值不一定完全适用于每一位婴幼儿，虽提倡多喝水，但也不是喝得越多越好，水量摄入过多，严重的将会导致“水中毒”。目前国内的饮水相关标准未对婴幼儿做出具体规定，而国外的婴幼儿饮水量是按照当地婴幼儿体质规定的，这可能并不适用于我国的婴幼儿。鉴于此，我国亟须制定有关婴幼儿饮水的标准，以保障婴幼儿的健康成长。

二、选择适宜的婴幼儿饮用水

婴幼儿的营养摄入来源不如成人丰富，他们对于微量元素、矿物质的获取主要还是来自母乳、奶粉、辅食和饮水。而有些营养物质的主要摄入途径就是水，它们在其他食物中含量较低，例如氟、铬等。对于婴幼儿来说，从饮水中摄取某些营养物质是重要渠道之一。因此，要选择适宜的婴幼儿饮用水。

婴幼儿最佳饮用水是白开水。将符合国家《生活饮用水卫生标准》（GB 5749-2006）的自来水完全烧开放凉即凉白开，如果是夏天，可以放置至室温，冬季一般是 40℃左右比较适宜婴幼儿饮用。喝足量温开水，可以促进婴幼儿的新陈代谢，增强免疫力，提高机体的抗病能力。

不适宜婴幼儿饮用的水见表 3－1－2。

表 3-1-2 不适宜婴幼儿饮用的水一览表

名称	理由
蜂蜜水	蜂蜜在酿造、运输与储存过程中，易受到肉毒杆菌的污染。1 岁前婴儿肝脏解毒功能差，肠道内正常菌群未完全建立，饮用蜂蜜水容易引起肉毒杆菌性食物中毒。
果汁	果汁含有过量的糖分和电解质，在婴幼儿胃部停留时间太长会刺激肠胃，影响消化；果汁在加工过程中维生素会遭到破坏，通过喝果汁补充营养不可取。
饮料	饮料含糖量高，长期饮用有诱发婴幼儿肥胖、增加患龋齿的危险，还会带来骨质疏松等症状。
太“硬”的矿泉水	因为婴幼儿肾脏还未发育完全，过高的矿物质会产生健康风险，对婴幼儿生长不利。
太“纯”的纯净水	矿物质含量太低，满足不了婴幼儿生长所需，不适合饮用。
反复烧开的水	反复烧开的水（即千滚水）中对人体有益的矿物质消失，还会产生亚硝酸盐等有害物质，长期饮用会出现恶心、头痛、呕吐、心慌等症状。
久置的开水	暴露在空气中 4 小时以上的开水，生物活性将丧失 70% 以上。
冰水	冰水容易引起婴幼儿胃黏膜血管收缩，影响消化或引起肠痉挛。

三、合理安排婴幼儿饮水时间

婴幼儿最佳饮水时间一天有五次，在运动前后、餐前半小时至一小时都要补充水分。夏季排汗多、秋冬季节干燥，都要适当增加饮水量。

第一次：早晨起床后饮水，此时血液处于缺水状态，可补充水分，清肠排毒。

第二次：上午 8:00—10:00，可补充活动时流汗失去的水分，缓解疲劳。

第三次：午睡起床到 15:00，适当饮水，补充体液。

第四次：晚餐前一小时，适量饮用温开水有利于促进婴幼儿消化液分泌，激发食欲。

第五次：睡眠时血液浓度会增高，睡觉前适量饮水有助于婴幼儿扩张血管，有益健康。

回应性照护要点

婴幼儿饮用水的最佳选择是温开水。为婴幼儿选择安全、适宜的饮用水，不迷信“贵”“纯”及夸大功能的各种饮用水或饮料，不喝生水、冰水。

保育人员要鼓励婴幼儿表达需求，及时回应，顺应喂养，保证饮水量，但不能强迫婴幼儿饮水。

婴幼儿体内水的排出量受气候、环境、空气温度和相对湿度的影响较大，保育人员要注意婴幼儿体内水的排出情况，使其体内水处于动态平衡状态。要留心观察，及时给婴幼儿喂水或提醒他们喝水。

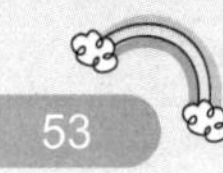

任务二　婴幼儿饮水技能指导

情境导入

妈妈发现花花喝水时洒得到处都是，觉得用奶瓶既卫生又省事。这导致花花两岁多了，不管喝奶还是饮水时都要使用奶瓶。

不同月龄的婴幼儿要用什么器具饮水？怎样指导婴幼儿掌握饮水技能？

一、奶瓶喂水

一般认为，6个月以后的婴幼儿，可以用奶瓶或小勺喂水。婴幼儿每天每千克体重约需120～150ml的水。其方法与婴幼儿人工喂养乳品一致。

（一）饮水准备

1. 洗净双手，准备物品

准备好已经消毒的奶瓶（包含奶嘴和瓶盖）、围嘴、干净的小毛巾、饮用水。

2. 准备温度适宜的饮用水

将热开水放置到室温或40℃左右，再倒入奶瓶中；有时需要调制，注意先倒温开水再倒热开水。检查水温的方法是：将奶瓶中的水滴出几滴到手腕内侧或手背上，感觉不烫或不太凉，便可给婴幼儿饮用。

3. 确定水的适宜流速

将奶嘴朝下，让水自然流出，如果需要几秒钟的时间才能流出，说明水的流速太慢，这样会使婴幼儿喝得费劲，婴幼儿会感到疲劳；如果水流出时像一条线，说明水的流速太快，这样容易使婴幼儿发生呛咳。水的流速以每秒钟流出3～5滴为宜。

4. 营造愉悦的饮水氛围

给婴幼儿围上围嘴，让婴幼儿拥有愉快的心情。饮水的过程中婴幼儿是否愉悦对其身心发展都有影响。保育人员应面带微笑，亲切地看着婴幼儿，边喂水边轻轻地对婴幼儿说话，尽量使婴幼儿在轻松、自然、愉快的状态下喝水。

（二）操作技能

1. 姿势正确、自然

保育人员抱起婴幼儿，到比较安静、舒适的场所坐下，将婴幼儿以坐位形式置于保育人员股骨处，使婴幼儿的头部正好落在保育人员的肘窝里，同时用前臂支撑起婴幼儿的后背，使婴幼儿呈半躺的姿势，但不是让婴幼儿平躺下，以保证其呼吸通畅和吞咽安全。

拿起奶瓶，并用奶瓶嘴轻碰婴幼儿的嘴，待其张开嘴后顺势将奶嘴轻轻放进婴幼儿嘴里。奶嘴不能插得过深，奶瓶与婴幼儿的脸要形成一个倾斜的角度（呈90° 为宜），以保证奶嘴中始终充满水。

待婴幼儿饮水完毕，保育人员将一只手轻轻压婴幼儿的下颌，即可拔出奶嘴，解下围嘴，用小毛巾给婴幼儿擦拭嘴边以清理干净。

2. 态度亲切和蔼

保育人员照护婴幼儿饮水时要和他们亲切交谈，语言温柔，给婴幼儿安全感和信任感。保育人员要动作轻柔，保护婴幼儿，不逗引婴幼儿，避免发生呛咳等不必要的伤害。

回应性照护要点

1. 正确掌握奶瓶喂水的方法

给婴幼儿用奶瓶喂水时注意观察其感受，同时与婴幼儿做表情和语言的沟通，操作步骤应规范、轻柔。

2. 从奶瓶喂水逐渐过渡到用水杯饮水

保育人员要注意观察婴幼儿饮水的感受，顺应喂养，不强迫、不催促。

不能贪图奶瓶方便而只用奶瓶喂水，因为婴幼儿长期频繁使用奶瓶可能导致牙齿排列不整齐，上下颌骨、牙齿向外突出生长，甚至引起龋齿，还会影响颌面部发育，对日后牙齿咬合、面部容貌发育都不利。要引导婴幼儿学习用水杯饮水。

资料链接

人体内的水分分布

人体内所有的水分被称为总体水含量。水在人体内主要分布在细胞内和细胞外。细胞内液水含量约为总体水含量的2/3，对维持细胞生理功能具有重要作用，但是细胞内液水含量及细胞内物质的交换都需要细胞外液的配合才能进行。细胞外液包括组织液、血浆、淋巴和脑脊液等，其约为总体水含量的1/3。

人的总体水含量可因年龄、性别和体型的胖瘦而存在明显的个体差异。新生儿的总体水含量最多，约占体重的80%。婴幼儿次之，总体水含量约占体重的70%。随着年龄的增长，总体水含量逐渐减少。12岁以后，总体水含量减少至成人水平。

丰富阅读：
水对机体的作用

此外，人体各组织器官的含水量相差也很大。血液中含水量最多，肌肉组织含水量较高，可达 75% ～ 80%；脂肪组织含水量最少，仅为 10% ～ 30%。

资料来源：国开大学《病理生理学》(电子书）. 第 21 页 .

二、水杯饮水

婴幼儿自己用杯子饮水，可以训练其手部小肌肉，促进其手眼协调，锻炼肢体、眼、手、脑的协调发展，培养良好饮水习惯，这对婴幼儿的成长发育是非常重要的。6 个月的婴儿就可以引导其用杯子喝水。13 ～ 24 个月是培养婴幼儿使用水杯喝水的习惯的最好时机。用水杯饮水的准备可以参照用奶瓶喂水的准备。

（一）挑选水杯

学饮杯、鸭嘴杯、吸管杯等都是从奶瓶向杯子饮水的过渡用具，学习使用这几种杯子是在为婴幼儿戒掉奶瓶吸吮的方式做准备。让婴幼儿用杯子喝水的关键是挑选合适的杯子，可以让婴幼儿选择自己喜欢的水杯，让他们对杯子充满兴趣，甚至将杯子当作玩具，慢慢地熟悉杯子，为用杯子喝水做好充分的准备。是否需要使用过渡用具及具体选择哪种用具，还是直接使用杯子，都要根据婴幼儿自身的特点来决定。

资料链接

你会挑选水杯吗

1. 6 个月：奶嘴式训练杯

当宝宝处于 6 个月的月龄阶段时，就可以训练他用手来抓住、握住东西。但是这个阶段的宝宝还只能吮吸食物，所以家长可以给宝宝使用奶瓶式训练杯，训练他将杯子送到嘴边的准确程度。

2. 7 ～ 9 个月：鸭嘴式训练杯

这种训练杯的饮口设计得像鸭嘴一样，可以让宝宝一口喝到更多的水，对宝宝日后使用水杯很有好处。

3. 10 ～ 12 个月：宽口式训练杯

处在这个年龄阶段的宝宝的抓握能力和吮吸能力比起之前都有所提高，所以需要选择流水量比鸭嘴式训练杯还要大的杯子，也就是宽口式训练杯。此种训练杯没有凸出来的饮口，与一般的杯子更相似。

4. 12 ～ 18 个月：吸管式训练杯

家长最好不要过早地让宝宝使用此种训练杯，因为还没有满 1 岁的小朋友喜欢咬东西，他们可能会咬断水杯上的吸管，从而引发危险。宝宝满 1 岁之后虽然也会咬吸管，但能够更好地判断危险，吞下断裂吸管的可能性很小。

5. 18个月以上：普通水杯，从模仿开始

开始时，往杯子中倒少量水，每天只在某顿饭的时间（比如中午）让宝宝使用杯子，并示范如何将水杯送到嘴边、如何倾斜水杯喝到水，家长做示范，宝宝模仿着做。父母要有足够的耐心，直到孩子可以将大部分水喝下去。

资料来源：鲍秀兰专家团队．宝宝长期用奶瓶喝水可以吗？多大可以用水杯喝水？．

（二）操作技能

1. 正确示范

照护者在婴幼儿学用杯子喝水前一定要做好正确的示范，并且示意婴幼儿跟着学习，怎么样才能喝到水。同时注意婴幼儿在最初使用水杯时，照护者不宜一次性倒入过多的水，这样不仅会导致婴幼儿出现呛咳的情况，而且会让他们对喝水产生恐惧，不利于婴幼儿的学习。建议采用循序渐进的方式，慢慢地增加水量，让婴幼儿有一个适应的过程。学习用杯子喝水时需要婴幼儿采用半卧位或坐位。

回应性照护要点

保证婴幼儿每日足够的饮水量。

规范操作，动作熟练、轻柔。态度和蔼，关爱婴幼儿，指导婴幼儿可以正确地用水杯喝水，培养良好的饮水习惯。

加强婴幼儿饮水看护，避免发生意外。

2. 适当鼓励

婴幼儿的每一次进步都离不开父母或照护者的鼓励和支持。对于刚开始学习用杯子喝水的婴幼儿，照护者要有足够的耐心，认真地引导婴幼儿，多使用语言或者拥抱等行为激励婴幼儿，这样婴幼儿下一次才能做得更好。

资料链接

激发婴幼儿用水杯饮水的兴趣

1. 吸引法

购买带有孩子喜欢的卡通图案的杯子，甚至可以准备多个，轮流使用。也可以放一片水果在水里，稍微有点水果味道的水宝宝更喜欢喝。

2. 榜样法

告诉孩子他喜欢的某个人物或者卡通形象也喜欢喝水，利用“榜样”的力量会事半功倍。

3. 游戏法

玩“石头剪刀布”，谁赢了喝一口水；或者一起玩干杯游戏。通过游戏缓解孩子对喝水的抵触情绪，让宝宝觉得用杯子喝水是一件有趣的事，多练习几次，孩子自然就能用杯子来喝水。

4. 表扬法

每次孩子用水杯喝水，就及时表扬；还可以把孩子作为“榜样”，引导家里其他孩子用水杯喝水。

任务三 婴幼儿饮水习惯培养

情景导入

8个月的乐乐以母乳喂养为主，平时不爱喝水。有一天早晨，妈妈发现乐乐嘴巴发干、嘴唇有点干裂、小便发黄。向医生咨询后才知道乐乐有点轻微的脱水，只要多喝点水就没事了。可是乐乐平时不爱喝水，这可愁坏了妈妈。

照护者应该怎样培养孩子良好的饮水习惯呢？

婴幼儿时期是培养良好的行为习惯的关键期，其中包括培养良好的饮水习惯。良好的饮水习惯的培养不仅能满足婴幼儿生长发育的营养需求，还能帮助婴幼儿掌握生活规律、促进心理健康发展。照护者可以从时间安排、方法学习、提高认知等几个方面入手，培养婴幼儿良好的饮水习惯。

一、养成定时饮水、随渴随喝的饮水习惯

（一）定时饮水

婴幼儿可以在早晨和午睡起床后、运动前后、两餐之间、睡前饮用适量的温开水，注意睡前少喝、醒后多喝。

资料链接

不要等到渴了才喝水

皮肤以出汗的形式排出体内水分，分为显性出汗和非显性出汗两种类型。显性出汗是汗腺活动的结果，是体温调节的重要机制。在高温环境下或活动时，人

的机体主要通过出汗来散热，汗液会在皮肤表面通过蒸发汽化起到散热作用。非显性出汗为不自觉出汗，它很少通过汗腺活动产生。婴幼儿体表面积相对较大，非显性失水相对于成人而言会更多。因此，不要等到渴了才喝水，应当让婴幼儿养成定时、适时饮水的习惯。

（二）不定时饮水

由于气温不同，婴幼儿活动量大小不同，饮食结构不同，身体状况也不同，因此定时喝水未必能满足所有婴幼儿对水的需求，他们随时有口渴的可能。所以，在婴幼儿活动、游戏中要有针对性地提醒他们随渴随喝。

资料链接

如何判断婴幼儿需不需要饮水

一看尿液颜色：只要尿液是无色或浅黄色的，说明孩子体内不缺水。如果发现孩子尿液偏黄，就该提醒他们喝水了。在观察尿液颜色的时候，要排除以下两个影响因素：晨尿颜色会深一些，服用维生素之类的药物也会导致尿液偏黄。

二看排尿次数：如果孩子一天的排尿次数少于 6 ～ 8 次，则说明孩子缺水，需要及时补充水分。如果孩子一天要换 5 ～ 6 片纸尿裤，说明水量以及奶量是足够的。

三闻尿液气味：如果孩子的尿液有比较浓的异味，排除疾病因素外，说明孩子该喝水了。

二、养成少量多次、小口慢饮的饮水习惯

（一）少量多次

水量不足会影响身体健康，但是一次性大量饮水也会影响胃肠功能，加重肾脏负担。在保证婴幼儿的喝水量的同时，应养成少量多次饮水的好习惯。照护者应该根据季节、天气情况等调整饮水量。

（二）小口慢饮

婴幼儿肠胃比较虚弱，饮水时要一口一口地慢喝，不要喝太急，不要玩水，不要说笑。如果喝水太快太急，就会把很多空气一起吞咽下去，引起打嗝或是腹胀。因此最好先将水含在口中，再缓缓咽下。

三、养成喝白开水、自主喝水的饮水习惯

（一）喝白开水

白开水是最适合婴幼儿的饮品，不能用饮料、果汁等替代。婴幼儿在生病时，如感冒、发热时要多喝白开水，一方面水能够帮助发汗、退热；另一方面使小便增多，加速排出血液里所产生的毒素。发生呕吐、腹泻时可在医生的指导下补充淡盐水。

（二）自主喝水

从经成人提醒饮水，逐渐养成婴幼儿可以自己主动补充水分，知道自我满足需求的饮水习惯。为了提高婴幼儿的自理能力，可以准备一个婴幼儿能自己接水的安全容器，水罐安放的高度要适合孩子的身高，水罐里的水温要合适，水龙头要好关好开，水杯放在婴幼儿取放方便的位置。

回应性照护要点

1. 多喝白开水

让婴幼儿随时都有白开水喝。照护者养成出门带白开水的习惯，经常提醒孩子喝水。家长应以身作则，少喝或不喝饮料。

2. 观察婴幼儿的喝水习惯，顺应喂养

婴幼儿在游戏、玩乐的过程中，玩得忘记喝水而不能满足需求，应提醒婴幼儿随渴随喝。

婴幼儿可在饭前半小时喝少量水，但吃饭时不要喝水，以免影响食物的消化吸收。

婴幼儿剧烈活动后不要马上喝水，马上喝水会给心脏造成压力，容易产生供血不足。

婴幼儿饮水时如果玩水，照护者要给予提醒并制止，语言温柔，给婴幼儿安全感和信任感，但要注意态度温和、坚定。

项目总结

婴幼儿饮水与婴幼儿的生长发育密切相关，做好婴幼儿饮水照护是保证婴幼儿正常生长发育的重要措施。照护者需要全面掌握婴幼儿饮水照护内容，熟悉常见的饮水问题，正确给予健康照护，促进婴幼儿的身心健康。本项目明确了婴幼儿适宜的摄水量、婴幼儿饮用水的选择及饮水时间安排。在学习以上内容时，照护者应学会关心和爱护婴幼儿，耐心细致地正确指导婴幼儿饮水，帮助婴幼儿养成良好的饮水习惯，避免疾病的发生，促进身心健康。

实践运用

1. 课程实践：婴幼儿饮水照护实训

内容：（1）使用奶瓶喂水；（2）使用水杯饮水；（3）与家长沟通，培养婴幼儿良好的饮水习惯。

要求：学生在校内实训室模拟操作，过程体现关爱婴幼儿，规范操作。

2. 托育园实践：某园婴幼儿饮水照护实践

要求：学生在保健医和班级保育师的指导下，观摩并开展婴幼儿饮水照护实践，做好实习记录和总结。

同步练习

一、选择题

1.（单选）在使用奶瓶喂水时，奶瓶与婴幼儿的脸要形成一个倾斜的角度，约为（　　）。

A. 45°　　B. 60°　　C. 90°　　D. 30°

2.（单选）婴幼儿可以练习自己拿杯子喝水的年龄是（　　）。

A. 6～9 个月　　B. 10～12 个月　　C. 12～18 个月　　D. 18 个月

3.（单选）婴幼儿饮水时，一般情况下以（　　）为宜。

A. 30℃　　B. 40℃　　C. 50℃　　D. 60℃

二、判断题

1. 婴幼儿的营养摄入来源不如成人丰富，从饮水中摄入某些营养物质是重要渠道之一，因此要选择适宜的婴幼儿饮用水。（　　）

2. 在给婴幼儿调制饮用水的水温时，应先放热开水，再放凉白开水。（　　）

3. 水是生命之源，0～6 个月母乳喂养的婴儿也需要定时喂水。（　　）

4. 饮水的过程中婴幼儿是否愉悦对其身心发展有着很大的影响。（　　）

5. 婴幼儿在最初使用水杯喝水时，需要采用半卧位或坐位。（　　）

三、简答题

1. 简述婴幼儿饮水照护的准备。

2. 简述婴幼儿饮水习惯的培养。

四、案例分析题

案例 1

2 岁的健宁入园的第一周很开心，可是在接下来的日子里，健宁每天都不愿意去托育园，甚至会哭闹。妈妈发现最近健宁大便干燥、尿液发黄。经与托育园老师沟通得知，健宁在园里很少喝水。健宁说托育园的白开水太难喝了，所以不想喝水。原来，健宁在家中饮用的水往往是添加了蜂蜜的水。于是妈妈每天送健宁入园时都备好了蜂

蜜水。

思考：健宁每天都喝蜂蜜水的做法正确吗？在日常生活中，有白开水、蜂蜜水、纯净水、矿泉水等，宝宝适宜喝哪种水？

案例 2

贝贝已经 18 个月了，喜欢去公园玩耍，奶奶始终拿着奶瓶追着喂水，其他小朋友的家长觉得贝贝奶奶很辛苦，奶奶无奈地说："贝贝不想喝水、喝水困难，我很累但也没有办法。"你有没有培养贝贝自主喝水的办法呢？

婴幼儿清洁照护

1. 了解婴幼儿清洁照护的内容，掌握婴幼儿清洁照护的环境创设及操作方法。
2. 能开展婴幼儿清洁照护，帮助或指导婴幼儿清洁身体、口腔、卫生环境等。
3. 在清洁照护过程中关心呵护婴幼儿，具有爱心、耐心和高度的责任心。

素养元素　关爱婴幼儿；医养结合；规范操作、精益求精的工匠精神

实施要点

1. 通过学习婴幼儿清洁照护相关知识，贯彻关爱婴幼儿、医养结合的理念，提高婴幼儿清洁照护能力，遵守托育服务专业人员的职业道德规范。
2. 在婴幼儿清洁照护实践中，不怕脏不怕累，做事有条理，培养学生规范操作、精益求精的工匠精神。

1. 请在学习本项目前回顾婴幼儿皮肤生理特点与保健。
2. 本项目内容操作性较强且贴近生活，要积极参与实践，如收集婴幼儿清洁照护的相关案例、绘制婴幼儿清洁步骤图、进行实操练习；运用所学知识解决婴幼儿清洁照护中出现的问题，并尝试指导家长纠正婴幼儿清洁的不良习惯。
3. 去托幼机构实习，参与实训，亲身体会婴幼儿清洁照护工作，做到理论联系实际。

任务一　婴幼儿沐浴

情境导入

新生儿果果出生后的第4日，口唇红润，吃奶时吸吮有力，无呛咳及呕吐，大小便正常。果果脐带残端干燥，未脱落，无红臀。这天，妈妈准备给果果洗澡，这可把妈妈给难住了，她需要从沐浴前的准备工作学起。

新生儿什么时候可以沐浴？该如何进行婴幼儿沐浴的照护呢？

一、婴幼儿沐浴的意义

（一）维持清洁，预防感染

婴幼儿皮肤娇嫩，防御功能差，对外界刺激的抵抗力低，容易受到细菌感染和发生过敏反应。沐浴可以维持婴幼儿皮肤清洁，预防感染；照护者还可以在婴幼儿沐浴时观察宝宝全身，尤其是皮肤状况，以便发现问题及时诊治。

（二）促进代谢，放松身心

婴幼儿新陈代谢旺盛，沐浴不仅可以为婴幼儿清洁皮肤，促进皮肤的排泄和散热，使婴幼儿感觉舒适，还可以促进婴幼儿的血液循环，活动肌肉和肢体，加强心肺收缩，增强婴幼儿抵抗力。

（三）增进交流，养成习惯

在沐浴过程中，婴幼儿与照护者有眼神、皮肤、语言的交流，体验到照护者的陪伴和爱护，有利于增进与照护者的情感（或亲子关系）。有些婴幼儿不喜欢沐浴，应通过游戏等形式加以引导，培养婴幼儿爱清洁、讲卫生的良好生活习惯。

二、婴幼儿沐浴的实施

（一）做好准备

1. 环境准备

关闭门窗，避免对流风，维持室温在26℃～28℃，水温保持在37℃～42℃为宜。室内应光线柔和，播放舒缓的音乐放松婴幼儿情绪，帮助婴幼儿逐步养成爱清洁的习惯。

2. 物品准备

婴幼儿沐浴时所需要的浴盆、毛巾、婴幼儿浴巾、洗发水、沐浴露与肥皂，以及洗完澡后所需的干净纸尿裤和衣裤等必备物品都要提前准备好（见表4-1-1）。

表4-1-1　婴幼儿沐浴用品表

物品名称	物品选用注意事项	参考图片	数量	备注
浴盆	最好是椭圆形的，瓷盆或塑料盆都可以		一个	盆浴必备
毛巾	建议选择浅色系，需勤更换，一块洗脸，一块洗臀部		两块	必备

续表

物品名称	物品选用注意事项	参考图片	数量	备注
婴幼儿浴巾	推荐使用能包裹住婴儿的、吸水性能良好的纱布材质的浴巾		一块	必备
水温计	测量水温，37℃～42℃为宜	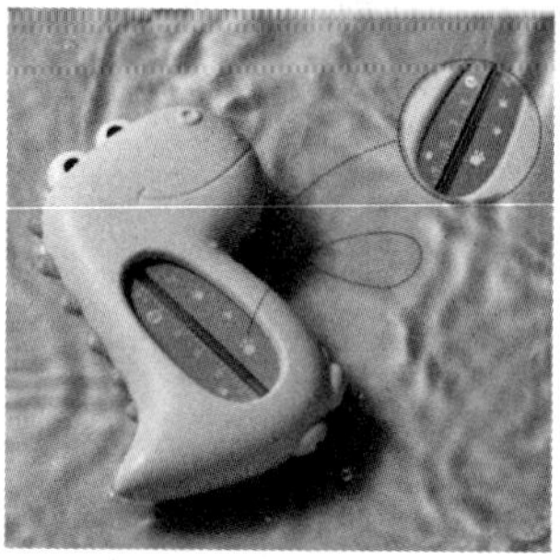	一只	必备
婴儿沐浴露	婴儿沐浴露和婴儿肥皂任选其一即可，婴儿沐浴露应选择温和、弱酸、低敏的，配方中不能含荧光剂、香精、香料、酒精、色素等不良成分，pH 值在 5.5 左右		一瓶	必备
婴儿肥皂	婴儿肥皂应选择低刺激性的		一块	非必备

续表

物品名称	物品选用注意事项	参考图片	数量	备注
婴儿洗发水	应选择温和、无刺激、无添加的婴儿洗发水		一瓶	必备
棉棒	清洁婴幼儿耳垢，建议使用纸轴棉棒（纸轴可弯性较佳且弯折无害）	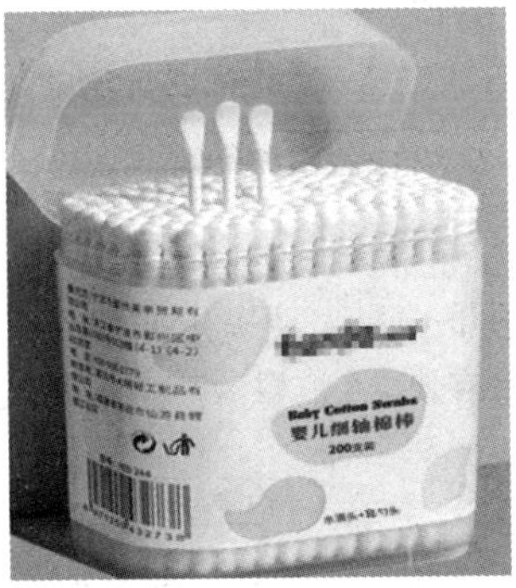	一盒	必备
指甲钳	选择前端是圆头的安全指甲剪	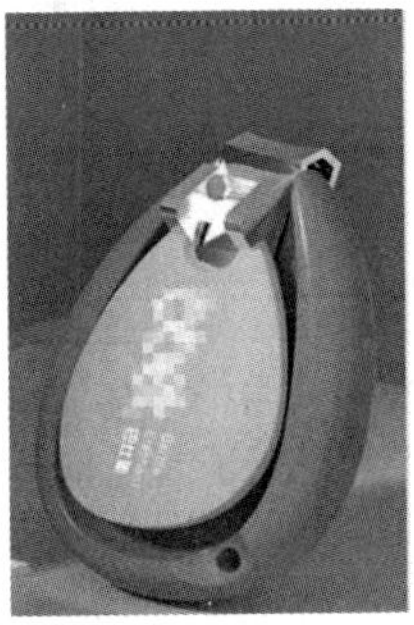	一个	非必备
爽身粉 / 爽身液	夏季婴幼儿油脂分泌旺盛时使用		一盒	必备

续表

物品名称	物品选用注意事项	参考图片	数量	备注
润肤霜 / 润肤油	冬季婴幼儿皮肤较为干燥时使用，以保湿、锁水	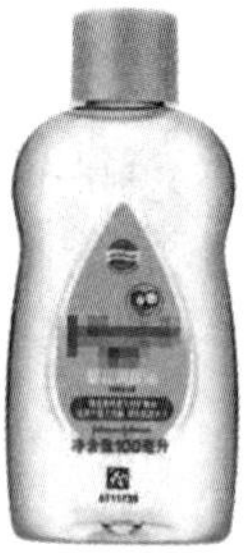	一瓶	必备
护臀霜	婴幼儿洗澡后或大小便清洁后使用，有效避免红臀	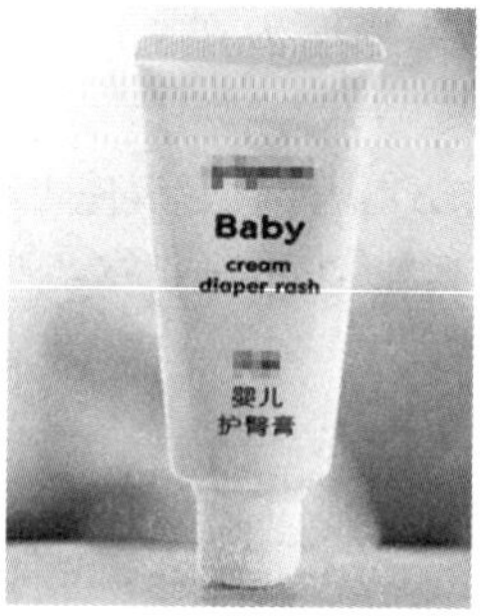 Baby cream diaper rash 婴儿护臀膏	一支	必备
换洗衣物	应选择柔软、吸水的棉织品，新生儿最好选择开身的连体衣或开身的上衣，下面配裤子或包布		一套	必备
尿布	尿布适宜选用浅色、柔软、易吸水的布料；纸尿裤选择透气性好、不闷热、表层干爽、吸水性强的产品	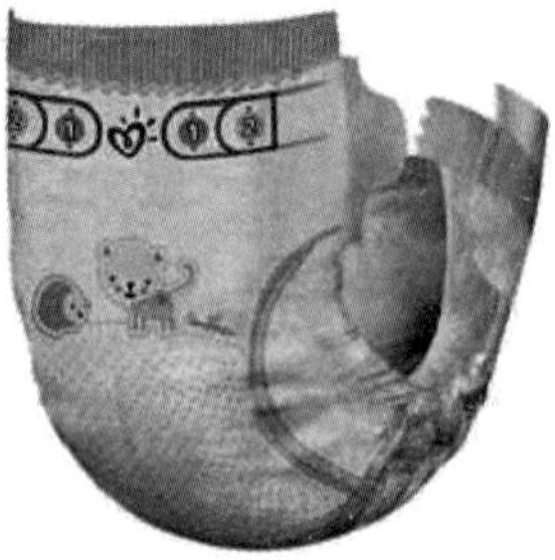	一包	必备

续表

物品名称	物品选用注意事项	参考图片	数量	备注
碘伏	用于新生儿脐部护理		一瓶	必备
消毒棉签	用于新生儿脐部护理	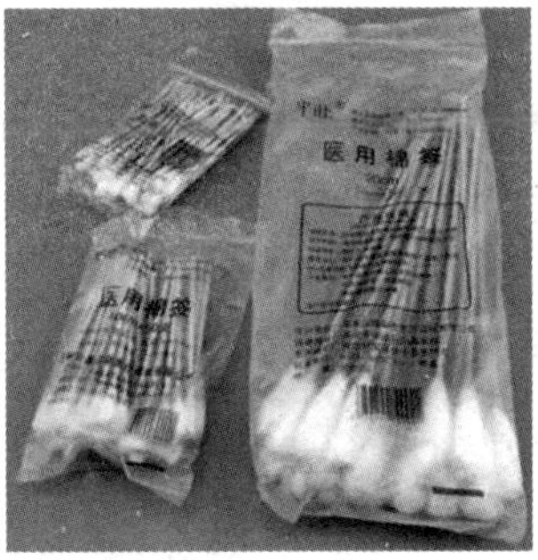	一包	必备
洗澡帽	用于防止洗澡时婴幼儿耳朵、眼睛进水		一个	非必备
亲水玩具	用于增加婴幼儿洗澡的趣味性		一套	非必备

3. 人员准备

(1) 照护者。

照护者应修剪指甲，取下手部饰品，洗净并温暖双手，保持良好的心情。

（2）婴幼儿。

婴幼儿在沐浴前应清醒、精神状态良好，不疲倦、不饥饿、不烦躁，喂奶（进食）后 1 ～ 2 小时沐浴。

4. 方法选择

沐浴分为盆浴和淋浴。家庭一般给婴幼儿进行盆浴，婴幼儿 2 岁后可以选择淋浴。专业的水育馆、医院一般选择淋浴。

（二）规范照护

1. 盆浴的操作步骤

（1）洗头。

婴儿头部皮肤油脂分泌旺盛，如不及时清洗就会在头顶形成一层痂皮（乳痂）。乳痂一般不痛不痒，但易藏污垢。可在清洗前涂抹婴儿油（或橄榄油、茶籽油）浸泡软化再进行清理。

洗头时将婴儿的身体夹在照护者的腰部，一手托头颈部和背部，采用橄榄球式抱姿，以拇指和中指分别向前折双耳廓以堵住外耳道，防止水渗入耳内，用另一只手轻涂适量婴儿洗发水，洗头、颈、耳后，洗后立即擦干，以防散热。如婴儿耳内有水或分泌物，用棉签轻轻蘸干。

（2）洗脸。

将婴儿身体用浴巾包好后，用干净的小毛巾蘸水清洗眼部（由内眼角向外眼角轻轻擦拭）、前额、鼻子、口周、脸颊，每擦一个部位毛巾要换一个干净的角，保证毛巾的清洁。

（3）洗前身。

洗完头发和脸后，撤去包裹身体的浴巾，支撑婴儿头颈肩放置浴盆内半坐，盆底放一块小毛巾防滑防凉，一只手横过肩后，固定于对侧腋下，另一只手用沐浴露清洗颈下、前胸、上肢、腹部、下肢、腹股沟、生殖器。

（4）洗后身。

将婴儿翻转过来，一手横过前胸，固定于腋下，让婴儿趴在手臂上，另一只手清洗婴儿后颈、背部、臀部、下肢。

（5）浴后护理。

1）脐部护理。

新生儿出生后的 10 ～ 14 天脐带会脱落。脐带感染是新生儿感染的常见原因之一，脐带护理不当易引发脐炎，严重者可导致败血症。护理婴儿脐部前，照护者应清洁双手，沐浴时尽量保持脐部干燥，沐浴后用消毒棉签蘸碘伏由内向外环形消毒两次，消毒范围在直径 3cm 左右，保持脐部清洁干燥。

2）皮肤护理。

照护者可以用消毒棉签轻轻清除婴幼儿外耳道、眼部、鼻腔的分泌物。照护者双手涂抹润肤霜（油）从上到下、从前到后轻轻涂抹婴幼儿全身。臀部涂抹护臀霜后，更换尿布，穿好衣服。

2. 淋浴的操作步骤

（1）洗头。

洗头时照护者应轻声提醒婴幼儿闭眼、弯腰、低头，防止洗发水进入眼睛。将婴幼儿头发淋湿后，取适量洗发液清洗其头皮和头发。由于每个婴幼儿对于淋浴的接受程度不同，照护者应扶着婴幼儿以免摔倒，征得其同意后慢慢打开花洒喷淋到婴幼儿身上。

（2）洗身体。

先清洗婴幼儿前身的颈下、前胸、上肢、腹部、下肢、腹股沟、生殖器等，转身清洗后身的后颈、背部、臀部、下肢、脚踝等，最后将沐浴露涂抹于婴幼儿全身并冲洗干净。

（3）浴后护理。

照护者双手涂抹润肤霜（油）从上到下、从前到后轻轻涂抹婴幼儿全身，然后给婴幼儿擦干身体，穿好衣服。

三、婴幼儿沐浴后的整理

（一）留心观察，及时处理

沐浴时应留心观察婴幼儿全身皮肤状况、皮肤颜色，看有无损伤、皮疹、脓疮、黄疸，脐部有无红肿、渗血等，注意肢体活动情况（自发性骨折），发现异常及时处理并告知医生。

（二）及时清洁，整理用物

照护者应及时处理垃圾，清理浴室、消毒双手，整理相关用物并记录沐浴情况。

回应性照护要点

1. 温情照护，争取婴幼儿的配合

沐浴前做好各项准备工作，如将室温调节至 26℃～28℃，若室温较低，可用电暖器升高温度；光线柔和，播放柔和的音乐增加愉悦的洗澡气氛。

沐浴时顺序准确，动作轻柔、迅速，注意保暖，时间控制在 5～10 分钟。沐浴过程中注意婴幼儿安全，防止烫伤和跌伤，照护者中途不得离开婴幼儿。

2. 仔细观察，读懂婴幼儿的信号并给予恰当回应

在沐浴过程中照护者应仔细观察、记录婴幼儿的沐浴状态；保持敏感，通过听、看准确判断婴幼儿的情绪，解读婴幼儿不同需求所发出的信号及其背后的含义并给予回应性照料。如果婴幼儿出现哭闹或异常呼吸，不要勉强沐浴；如果婴幼儿配合沐浴则要夸奖。照护者应观察婴幼儿全身皮肤状况、皮肤颜色等，及时识别疾病征兆，并妥善处理和应对。

任务二　婴幼儿手部清洁

情境导入

托育中心的小张每次在入托时段第一件事就是要求家长和孩子洗手。有的家长不理解，有的家长不配合，还有的家长应付了事。

面对“小习惯大健康”的洗手问题，应如何引导家长和孩子主动进行手部清洁？

一、婴幼儿手部清洁的意义

手部清洁是防止疾病传播最有效的预防措施，很多疾病都是通过手部接触传染的，预防婴幼儿生病的有效方法是彻底清洁双手。根据婴幼儿精细动作发展顺序，婴幼儿常模年龄 30.7 个月就会在水龙头下洗手、冲手。因此，应逐渐从照护者帮助清洁过渡到婴幼儿自主洗手，从小培养良好的卫生习惯，以降低婴幼儿发生肠道疾病的风险。

二、婴幼儿手部清洁的指导

（一）环境准备

创造适宜的环境是引导婴幼儿正确进行手部清洁的前提条件。盥洗室要光线充足，整洁明亮，通风性好；盥洗室布置有童趣，如墙面贴上图文结合的洗手步骤图；洗手池高矮适中，适合婴幼儿身高，干净整洁；洗手台上摆放肥皂盒、洗手液，放在方便婴幼儿取用的地方。

资料链接

针对婴幼儿不会洗手、不爱洗手、洗手不认真的情况，照护者或保育人员可以通过有趣的游戏或简单易懂的儿歌、故事进行引导，避免生硬和简单粗暴地对待婴幼儿。

1. 游戏：开汽车

玩法一：照护者开汽车，婴幼儿当乘客，“嘟嘟嘟，谁要坐车呀？我们开车了，去洗手……”

玩法二：婴幼儿当小汽车，和照护者一起开车去洗手。“嘟嘟嘟，我们都是小司机，一起开车去洗手……”

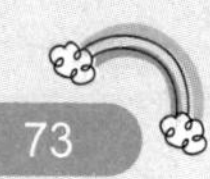

玩法三：婴幼儿们扮演小汽车，照护者当修理员，抬起一个孩子的腿说："车轮没坏。"再按另一个孩子的鼻子说："噢！车子喇叭坏了，不响了。"等照护者"修"好小汽车后，婴幼儿们开车在屋子里绕一圈，开到盥洗室去洗手。

2. 歌曲：洗手歌

照护者带领婴幼儿唱洗手歌，"鼓鼓掌、拍拍手，讲卫生呀勤洗手。大家一起来唱歌，互相提醒小朋友。"

（二）方法指导

0～1岁婴儿：用大团的棉花或软毛巾轻轻擦拭婴儿的双手，注意把手指轻轻分开，擦净里面的污垢。

1～3岁婴幼儿：照护者先检查环境，确保安全卫生，仔细观察确定婴幼儿的情绪状态稳定时，引导和协助婴幼儿按照七步洗手法（见图4－2－1）进行手部清洁。

第一步（内）：用流动的水冲手掌，将洗手液涂在手心，掌心相对，手指并拢相互反复揉搓。

第二步（外）：清洗手背侧指缝，手心对手背，指缝间相互揉搓，双手交替进行。

第三步（夹）：清洗手掌侧指缝，双手掌心相对，双手交叉反复揉搓指缝。

第四步（弓）：清洗指背，手指弯曲后，一手掌半握住另一手指背反复揉搓，双手交替进行。

第五步（大）：清洗拇指，一手握住另一手大拇指反复揉搓，双手交替进行。

第六步（立）：清洗指尖，手指各个关节弯曲后，将手指指尖合拢，再放在另一手掌掌心反复旋转揉搓，双手交替揉搓。

第七步（腕）：清洗手腕、手臂，一手揉搓另一手手腕和手臂，双手交替进行。

第一步

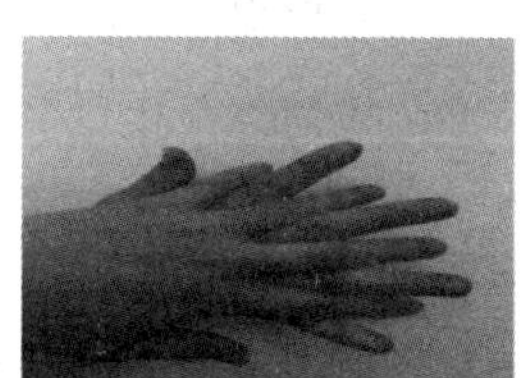

第二步

第三步

第四步

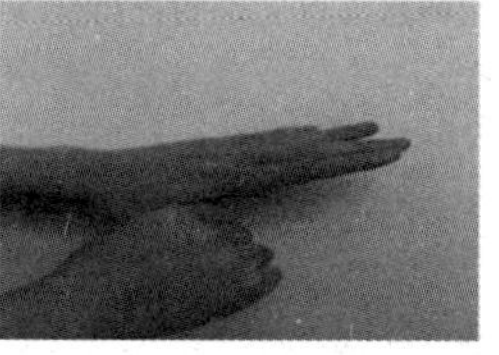

第五步

第六步

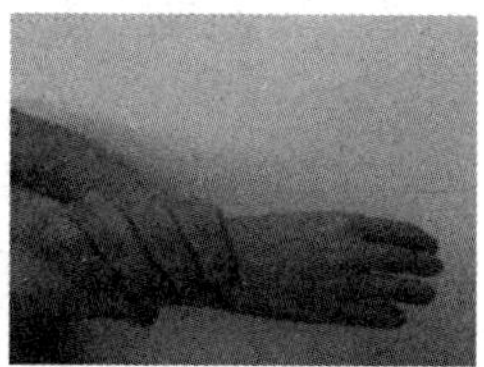

第七步

图4－2－1 七步洗手法

回应性照护要点

1. 严格程序，保障健康

在与新型冠状病毒做斗争期间，相信大部分的人都会“勤洗手，无事不出门，出门戴口罩”。研究表明，用流动的水和肥皂洗手15秒，就可以带走手上90%的细菌，持续洗30秒可将手上99.9%的细菌带走。要坚持用流动水、七步洗手法清洁双手，做到洗手时间足够。

2. 认真引导，积极回应

成人在生活中应勤洗手，讲究个人卫生，给婴幼儿树立良好的榜样。

婴幼儿重复做一件事情不免会感到厌烦，照护者可以利用肌肤接触、眼神、表情、语言等形式对婴幼儿正确洗手的行为做出及时且恰当的回应。在婴幼儿认真洗手之后，及时给予鼓励、夸奖和适当奖励。在保证正确洗手、勤洗手的前提下，对于洗手液、肥皂的选择可以“放权”给婴幼儿，让他们选择自己喜欢的洗手液、肥皂，让婴幼儿更有洗手的积极性。

任务三 婴幼儿口腔的清洁

情境导入

有人认为，婴幼儿牙都没长齐，清洁口腔完全没必要。7个月的珠珠嘴里起白色皮，用棉签也无法擦掉，经查是鹅口疮，这是白色念珠菌感染引起的。

日常生活中，婴幼儿需要清洁口腔吗？又该如何清洁呢？

一、婴幼儿口腔清洁的意义

婴幼儿期口腔最大的变化是从无牙到乳牙陆续萌出、恒牙趋于钙化。如果不注意口腔清洁，婴幼儿可能出现口腔感染、口腔黏膜病、龋齿等，对其口腔健康甚至语言学习产生不良影响。因此，婴幼儿出生后就应清洁护理口腔，第一颗乳牙萌出后，更要加强口腔的清洁和牙齿的护理。

资料链接

定期做口腔检查 预防龋病（蛀牙）

我国是口腔疾病发病率较高的国家，龋病可见于乳牙萌出后任何年龄段的人群，5～8岁儿童患龋率达到一个高峰。婴幼儿在第一颗牙齿萌出后，应由父母带去医院检查牙齿，请医生帮助判断其牙齿萌出情况。一岁后每3～6个月进行一次口腔检查，检查有无龋齿、牙列和咬合情况以及牙齿的发育情况等。定期检查能使婴幼儿与医护人员近距离的接触沟通，逐渐熟悉和适应牙科环境，避免和减少日后去牙科就诊时的恐惧心理。

（1）要引导婴幼儿了解口腔健康知识，每年定期进行口腔检查。

（2）预防龋病应从乳牙萌出就开始，日常生活中养成早晚刷牙、饭后漱口的习惯。

（3）平时饮食应多摄取有助于控制牙菌斑的自洁性食物，如蔬菜及富含纤维的食物，少吃含糖量高的食物，如糖、巧克力、饼干等，尽量避免两餐间和睡前吃零食。如果吃零食后没有条件刷牙，要用清水漱口，以降低龋病的发病率。限制摄入坚硬、过酸的食物，避免牙齿磨损。

（4）儿童可在3～4岁（乳磨牙）、6～7岁（第一恒磨牙）、11～13岁（第二恒磨牙）这几个年龄段进行牙齿窝沟封闭。

二、婴幼儿口腔清洁的指导

（一）出牙前的口腔清洁

1. 操作准备

室内光线充足，准备消毒纱布或棉布、淡盐水或温开水一杯。

照护者取下手部饰品，用流动水七步洗手法洗净双手。婴幼儿意识清醒、情绪稳定，用小毛巾或围嘴围在婴幼儿颌下，防止护理时沾湿衣服。

2. 操作步骤

0～6月婴儿：母乳喂养的婴儿，妈妈每次哺乳前要清洁乳头；人工喂养的婴儿，奶瓶及奶嘴均要彻底清洁消毒后再使用。每次喂完奶后给婴儿喂几口温开水，稍大一些用纱布蘸上温开水或淡盐水轻柔擦拭口腔。6个月的婴儿第一颗牙萌出可能会伴随一些不适症状，如牙龈肿胀、发烧、疼痛等。护理时用干净的纱布卷在手指上，浸湿后以轻柔、简短地来回动作贴着牙龈从上颌到下颌绕圈，轻轻擦拭婴儿口腔内的黏膜和牙床，避免有乳凝块残留在婴儿的口腔内部，滋生细菌。每天最少做两次，一次在早餐后，另一次在睡觉前，这样可以使婴儿尽早建立良好的口腔卫生习惯。

3. 注意事项

口腔清洁时擦完一个部位要更换纱布以保持卫生；蘸水不要过多，防止婴儿吸入液体造成危险。一般在牙齿和牙床交界处及两颗牙齿之间的区域，特别容易积存黄色乳酪状黏性物，它是由食物残屑和细菌堆积而成的，一般称它为牙垢。牙垢很柔软，只要稍微擦拭就可以清除掉。要仔细地除去它，不然很容易从牙垢处引发蛀牙。在擦拭婴儿牙齿时，不要使用牙膏，要注意上颚乳臼齿的外侧和下颚乳臼齿的内侧面、上下乳臼齿的咬合面是否彻底擦拭干净。

（二）出牙后的口腔清洁

大多数婴幼儿在 1 岁时会萌出 6～8 颗牙，2 岁～2 岁半时出齐，达到 20 颗。刚长出乳牙时，照护者应用指套牙刷或纱布蘸上淡盐水，轻轻擦拭婴幼儿的乳牙和牙床。每天早晚各一次，晚上喂完最后一次奶后一次。1 岁以后，要选择婴幼儿专用的牙刷和牙膏组合，照护者帮助和指导其刷牙。婴幼儿在 2 岁以后应该开始学习漱口和刷牙，3 岁后学会自觉刷牙，从小养成饭后漱口、早晚刷牙的习惯。

1. 操作准备

儿童专用牙膏（含氟、水果味）和牙刷（刷头约 1.5cm、刷毛柔软）、牙杯、温开水。先冲洗牙刷和牙杯，倒入温开水。

2. 操作步骤

由照护者先示范，让婴幼儿边学边做。

（1）漱口。

1）将少量温水含入口内，紧闭嘴唇，提醒婴幼儿不能咽下。

2）鼓动两颊及唇部，使温水能在口腔内充分地接触牙面、牙龈及黏膜表面；同时运动舌，使温水接触牙面与牙间隙区，最后将漱口水吐出。如果是饭后漱口，至少鼓漱两次。

（2）刷牙。

1）将牙刷用温水浸泡 1～2 分钟。

2）挤牙膏置于牙刷上，每次用量一粒黄豆大小。

3）俯身向前，将牙刷的刷毛放在靠近牙龈的部位，与牙面呈 45° 角倾斜，上牙从上向下刷，下牙从下往上刷，刷完外侧面还应刷内侧面和后牙的咬面。每个面要刷 15～20 次才能达到清洁牙齿的目的。

4）轻刷舌头表面，由内向外轻轻去除食物残渣及细菌。

5）漱口，直至完全冲掉口中的牙膏泡沫。

6）冲洗牙杯和牙刷，将牙刷头朝上放在牙杯里，使它干燥。

3. 注意事项

（1）2 岁婴幼儿小肌肉动作不完善，刷牙动作笨拙不熟练，照护者要给予时间和机会，在旁协助和耐心指导其刷牙的动作和节奏，不要太快或太用力。

（2）每次刷牙时间不少于 3 分钟。

（3）仔细观察，温和提示正确方法，注意上颚乳臼齿的外侧面和下颚乳臼齿的内侧面、上下乳臼齿的咬合面是否刷干净。

回应性照护要点

1. 树立榜样

模仿是婴幼儿养成口腔清洁卫生习惯的重要手段。婴幼儿模仿能力很强，日常生活中可以让其观察父母是怎样进行口腔清洁的。还可以在婴幼儿身边寻找一个榜样，如同龄的好朋友或是大哥哥、大姐姐，能在一旁带动，这会让婴幼儿更有刷牙的动力。

2. 尊重婴幼儿，让婴幼儿自己做选择

阿琳·艾森伯格在《婴幼儿养育手册》中说："让婴幼儿自己练习使用牙刷，不要为他的技术或牙刷状况担心，就让他按照自己所知道的最好的方式完成任务。鼓励他所做的一切努力，收获再微薄也要给点掌声，等他技术纯熟了，就把早上刷牙的任务让他一个人承担，晚上那次你继续辅佐，但是恐怕要等到七岁左右他们才能独自熟练地刷牙。"建议家长带着婴幼儿一起去挑选适合自己的牙刷，自己的牙具自己做主，这样更能激发婴幼儿刷牙的积极性，体现尊重婴幼儿的照护理念。

任务四　婴幼儿用具的清洁照护

情景导入

因产假结束后妈妈忙于工作，乐乐就交给奶奶来带。在平时的照顾中，奶奶也格外小心。可是不到半个月，乐乐就出现了腹泻的症状。经医生详细检查之后，诊断是乐乐体内饮食细菌超标引发的肠胃炎。经询问查明，平时照顾乐乐的奶奶在乐乐每次喝完奶之后，就会第一时间用热水冲洗奶瓶，下次再用时，还是用热水冲一下就给乐乐喂奶，最终导致乐乐腹泻。

该如何正确进行婴幼儿用具（餐具、玩具、卧具、家具）的清洁和消毒呢？

一、餐具的清洁与消毒

（一）奶具的清洁与消毒

1. 清洁

首先，护理人员在清洁奶具前要用肥皂以及清水将双手清洗干净。其次，将奶瓶、奶嘴、奶瓶盖、洗奶瓶用的刷子、夹奶嘴用的夹子等清洗干净，特别要注意将瓶底和奶嘴的残留物冲刷干净。

2. 消毒

将奶具都浸入消毒器或水中，待水烧开后至少再煮沸 10 分钟左右即可消毒。

3. 卫生放置

待奶具消毒冷却后，先取出夹子，把奶嘴夹出放在专用的碗内，再取出奶瓶倒置晾干。注意消毒过的用具要保存在干净卫生、干燥、不会被污染的地方。

（二）餐具的清洁与消毒

婴幼儿的餐具主要包括奶具及杯、碗、勺、碟等。消毒前首先应将餐具清洗干净，选用一种方法进行消毒。

煮沸消毒：用水浸没需要消毒的餐具，旺火煮沸 15 ～ 30 分钟。

蒸汽消毒：将餐具放置到蒸锅中蒸 20 ～ 30 分钟。

红外线高温消毒：将餐具放入专门的餐具消毒柜中进行消毒，每次 20 ～ 30 分钟。

资料链接

你知道清洁和消毒的区别吗

清洁是消除物品表面或手上的污渍，减少微生物的过程。如擦拭家具、洗手等。

消毒则是清除杀灭各种病原微生物，从而达到无害化的处理过程。根据有无已知的传染源，消毒可以分为预防性消毒和疫源性消毒。

婴幼儿用具，包括餐具、玩具、卧具、家具等不仅要进行清洁，还要定期消毒，才能保障婴幼儿的健康。

二、玩具的清洁与消毒

婴幼儿的玩具一般是由塑料、橡胶、金属、木材、棉布及绒毛等材料制作的，不同材料制作的玩具有不同的消毒方法，可根据实际情况确定。如对塑料、橡胶玩具可用消毒液浸泡；对积木、不易生锈的金属玩具开水浸泡后再曝晒；对棉布、毛绒类的玩具可在洗净后拿到太阳下曝晒，以达到消毒的目的。图书的消毒主要是通过阳光曝晒来完成。可每周进行一次玩具的清洁与消毒。

三、衣服、卧具等的清洁与消毒

被污染的衣物、毛巾以及床上用品需先清除污渍后再进行清洗，可多备几套衣服，便于更换。由于婴幼儿皮肤娇嫩，可根据不同的使用部位为婴幼儿提供多条毛巾，使用

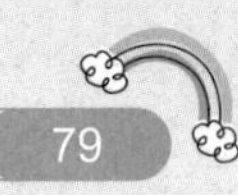

过的毛巾要及时地进行清洗消毒。

婴幼儿所用的床单、被褥、床垫要保证每周清洁一次，并在太阳下进行晾晒，以达到紫外线消毒的目的。在清洗床上用品时，依次将枕套、床单、被套拆下，并注意观察是否有玩具或衣服等落下。换洗下来的床上用品，用温水浸泡后进行洗涤。

资料链接

居室环境的要求及清洁消毒

托育机构应当设置符合标准的婴幼儿生活用房（用餐区、睡眠区、游戏区、盥洗区、储物区等），人均使用面积不低于 $3m^2$。收托 2 岁以下婴幼儿的，应当设置符合有关规定要求的母婴室、配乳区等。此外，托育机构应当设有户外活动场地，配备适宜的户外玩具和游戏设施，人均面积不低于 $2m^2$，且有相应的安全防护措施。在保障安全的前提下，可利用机构附近的公共场地。

房间要阳光充足、干净整洁、空气畅通。每日开窗通风 30 分钟，室温控制在 22℃～25℃，湿度保持在 55%～60%。墙角、台阶、水池、窗台、门角均无锐角，所有装修所使用的材料务必安全环保、无有害物质。儿童活动室与寝室使用总面积不少于 $90m^2$，如果活动室与寝室分设，活动室使用面积不少于 $54m^2$。

婴幼儿居室环境应当每日清扫、消毒，保持内外环境整洁，保持室内空气清新。采取湿式清扫方式清洁地面。厕所做到清洁通风、无异味，每日定时打扫，保持地面干燥。便器每次用后及时清洗干净。除此之外，在春季传染病流行期间，应增加清洁与消毒的次数，从而减少疾病的传播。一般的环境及常用物品消毒，建议使用 500ppm 浓度的漂白水进行擦拭。

四、家具的清洁与消毒

婴儿床、桌椅以及婴幼儿经常接触到的家具要每天清洁，用湿布蘸取温水按照从前向后、从上到下的顺序进行擦拭。如果需要消毒，可用浸过消毒液的抹布擦拭家具，静置 10～20 分钟后用清水洗净。

回应性照护要点

1. 保证卫生

婴幼儿免疫系统发育不完善，为减少婴幼儿被感染，应及时清洁“四具”并严格消毒。消毒后要注意用清水擦拭或冲洗干净以去除残留。

2. 规范操作

要规范操作，确保清洁消毒效果。传染病发生和流行期间要严格按照要求消毒。

3. 注意安全

操作人员要采取必要的个人防护措施，消毒水（剂）要放置妥当，以免婴幼儿误服。

任务五　婴幼儿如厕照护

情境导入

3 岁的欣欣进入托育园后，照护者会提醒她上厕所，如果不提醒，欣欣就会尿裤子。

7 岁的强强在小时候家人会按时给他把尿，半小时一次。上幼儿园后，老师一般半小时到一小时就会提醒他去小便，强强几乎不会尿裤子。谁知他进入一年级后反而时不时尿裤子，原来是因为没有了成人的提醒。

何时对婴幼儿进行如厕训练？如何照护婴幼儿如厕？

一、如厕训练的时机

年龄：1 岁以上是排尿训练的最佳时期，此时，婴幼儿膀胱的储尿能力和括约肌的收缩能力有所增强，能在短时间内憋住尿液，这为有意识地控制排尿提供了条件。1 岁左右，婴幼儿开始喜欢模仿成人如厕，有时会表达自己“想便便”；能听懂并根据成人的指令做动作。当然，排便训练时机存在个体差异，男孩平均比女孩晚 3 ～ 6 个月。

最佳季节：温暖的春、夏季是进行婴幼儿如厕训练的最佳季节。这两个季节穿脱衣物较容易，便盆不冰屁股，尿湿的裤子也容易晾干。而且夏季婴幼儿排汗较多，排尿的间隔时间相对较长，有利于成人掌握婴幼儿排尿的时间。

婴幼儿表现：婴幼儿在排尿前，通常伴有打冷颤、发愣、下蹲等表现。排便前，常排出有臭味的气体，同时伴有身体用力的动作和发出使劲的声音；每天排大便的时间比较有规律，如很多婴幼儿会在早餐后大便。这些表现都有利于成人掌握婴幼儿如厕时间。

二、如厕训练的操作

（一）第一步：带婴幼儿到坐便器旁如厕

观察婴幼儿的表情和姿势，及时提醒婴幼儿坐盆。当婴幼儿在便器旁边的时候，先询问婴幼儿是否有便意或尿意，帮他脱下裤子，坐在坐便器上。婴幼儿在排尿时，成人除了发出某种声音（嘘嘘）外，可以教婴幼儿用语言表达尿意。

（二）第二步：如厕后清洁屁股

当婴幼儿如厕后，教婴幼儿如何用手纸清洁屁股。不要因为怕婴幼儿弄脏手而不教他 / 她。照护者多向婴幼儿示范正确的擦拭方法，几次以后他 / 她就学会了。

（三）第三步：教婴幼儿学会自己穿裤子和洗手

让婴幼儿学会如厕后自己穿裤子和洗手，而做好这一点需要让婴幼儿先产生讲卫生的意识，然后再教婴幼儿如何自己穿裤子和洗手。

（四）第四步：让婴幼儿明白坐便器的作用

不仅要让婴幼儿知道到哪里如厕，还要告诉他 / 她坐便器的作用。婴幼儿大便后可以当着他 / 她的面清理掉坐便器中的大便，告诉婴幼儿这才是它应该去的地方。应注意将坐便器放在固定、易拿的地方，便于帮助婴幼儿形成如厕的条件反射，也便于婴幼儿及时找到坐便器。

（五）第五步：教婴幼儿使用抽水马桶

坐便器只是一个过渡，婴幼儿不能一直都使用坐便器。等婴幼儿再长大些，就可以引导他 / 她到抽水马桶上大小便，并教会他 / 她便后要及时冲水。男宝宝则要教他在小便前要先将马桶坐垫掀起，小便后再将其放下。

（六）第六步：开始夜间训练

除了白天的如厕训练，还要逐渐培养婴幼儿夜间的如厕习惯，让婴幼儿习惯在入睡前、早起后主动如厕。如果婴幼儿睡前饮水太多或情绪特别兴奋、身体特别疲惫，在夜间不妨叫醒婴幼儿，再上一次厕所。

（七）第七步：反复练习，强化训练

婴幼儿如厕训练不会一两次就成功，只有坚持反复训练，才能够培养婴幼儿如厕的良好习惯。

资料链接

如厕训练并非越早越好

过早给婴幼儿把尿，有时会使其髋骨受伤，遗留尿频的毛病，甚至会导致之后的心理异常，比如洁癖、强迫性人格等。因此，不可过早进行婴幼儿如厕训练。照护者应尊重婴幼儿的成长速度，根据婴幼儿的实际发展水平，找准训练的时间，让婴幼儿自己决定什么时候可以接受如厕训练，使婴幼儿感到对自己的生活有所控制、有所把握，有利于树立自信心。

三、识别大小便异常

（一）识别小便异常

当婴幼儿出现排尿异常时会出现以下情况：

（1）少尿或无尿。婴幼儿一天的尿量少于 200ml 可称为少尿，少于 50ml 属于无尿。

（2）尿液偏黄。可能是饮水不足导致，建议补充适量水分。

（3）尿频、尿急、尿失禁。如发现此类情况应及时就医，明确原因，及时治疗。

（二）识别大便异常

当婴幼儿出现大便异常时会出现以下情况：

（1）大便臭味加重，表示蛋白质摄入过多，导致消化不良。

（2）大便泡沫多，表示摄入的碳水化合物过多。

（3）大便呈绿色，可能是婴幼儿受凉（惊）或没吃饱。

（4）出现脓便血，可能是肠道感染或是痢疾，要及时就医。

回应性照护要点

1. 尊重婴幼儿

尊重婴幼儿发展的时间表和个别差异，在其生理成熟和心理准备好了以后再进行如厕训练。进行如厕训练时，先训练婴幼儿控制大便，再训练控制排尿。

2. 熟悉婴幼儿的排便规律，提供积极的情感支持

婴幼儿如厕训练是一个循序渐进的过程，照护者不要过度焦虑，而是需要投入极大的耐心。不强迫，也不因婴幼儿憋不住大小便或不配合等进行“羞辱”评价，以防婴幼儿拒绝如厕。注意婴幼儿排便前的动作表现，因势利导。婴幼儿成功排出大便后，成人应对其进行赞扬和鼓励，不要对其粪便表现出“嫌弃”，以防婴幼儿出现心理性便秘。

3. 培养婴幼儿良好的如厕习惯

照护者应尽可能地帮助婴幼儿养成每天排便的习惯，防止婴幼儿便秘。可以让婴幼儿在饭后坐在便盆上，利用结肠反射将大便排出。鼓励婴幼儿参加身体活动，多饮水、多吃蔬菜和水果，以利于其排便。

应避免婴幼儿在排大便时吃东西或玩耍。排便是一种条件反射，需要专心致志，如果婴幼儿在排便时吃东西或玩耍，会分散他的注意力，不利于排便反射的建立。每次排便时间 5 分钟左右为宜，时间不可过长。

教育婴幼儿及时如厕，不憋尿或大便。学习便后整理和自我清洁，如便后冲厕所、正确洗手等。

4. 注意卫生

做好盥洗室、厕所和便盆的清洁卫生和消毒工作。

项目总结

婴幼儿清洁与婴幼儿疾病的发生密切相关，做好婴幼儿清洁照护是有效预防婴幼儿常见疾病的重要措施。照护者需要全面掌握婴幼儿清洁照护的内容，熟悉常见的清洁问题，正确给予清洁照护，促进婴幼儿的身心健康。本项目主要介绍了婴幼儿沐浴、手部清洁、口腔清洁、便后清洁、婴幼儿用具清洁照护和如厕照护。在学习以上内容时，照护者应学会关心和爱护婴幼儿，耐心细致地给予正确指导，帮助婴幼儿建立良好的卫生清洁习惯，避免疾病的发生，促进身心健康发展。

实践运用

1. 课程实践：婴幼儿清洁照护实训

内容:（1）给 1 ～ 3 岁的婴幼儿沐浴;（2）协助 1 ～ 3 岁的婴幼儿洗手;（3）指导 2 ～ 3 岁的婴幼儿学习七步洗手法;（4）指导 2 ～ 3 岁的婴幼儿学习刷牙;（5）清洁奶瓶、玩具。

要求：学生到实践基地或者在校内实训室模拟操作，过程应体现关爱婴幼儿，规范操作。

2. 托育园实践：某园婴幼儿清洁照护实践

要求：学生在保健医和班级保育师指导下，开展婴幼儿清洁照护实践，做好实习记录和总结。

同步练习

一、选择题

1.（单选）婴幼儿沐浴应在餐后（　　）。

A. 半小时　　B. 1 ～ 2 小时　　C. 3 ～ 4 小时　　D. 5 ～ 6 小时

2.（单选）建议玩具的清洗与频次为（　　）。

A. 一周一次　　B. 每天一次　　C. 半个月一次　　D. 一个月一次

3.（单选）对婴幼儿进行如厕训练的最佳时机是（　　）。

A. 7 个月以上　　B. 9 个月以上　　C. 12 个月以上　　D. 18 个月以上

4.（单选）如果婴幼儿被判定为少尿，则一天的尿量应少于（　　）。

A. 50ml　　B. 100ml　　C. 150ml　　D. 200ml

5.（多选）餐具的清洁与消毒方法有（　　）。

A. 煮沸消毒　　B. 蒸汽消毒　　C. 红外线高温消毒　　D. 酒精消毒

6.（多选）婴幼儿沐浴后的护理应包括（　　）。

A. 头皮护理　　B. 脐部护理　　C. 脸部护理　　D. 皮肤护理

二、判断题

1. 婴幼儿需在长出乳牙以后再开始口腔清洁。(　　)
2. 婴幼儿的餐具和玩具应当定期清洗与消毒。(　　)
3. 婴幼儿手部清洁是防止疾病传播最有效的方式之一。(　　)
4. 婴幼儿手部清洁的顺序应为“内、外、夹、弓、大、立”六步。(　　)
5. 婴幼儿居室环境应当每日清洁与消毒，每天开窗进行通风。(　　)
6. 婴幼儿如厕训练的时机男孩比女孩开始得早。(　　)
7. 如果婴幼儿大便呈绿色，则表示摄入的碳水化合物较多。(　　)
8. 如果观察到婴幼儿尿液偏黄，则说明婴幼儿饮水不足。(　　)

三、简答题

1. 简述婴幼儿沐浴的意义。
2. 简述婴幼儿如厕训练的操作步骤。
3. 简述婴幼儿用具的清洁与消毒方法。

四、案例分析题

1 岁半的布丁已经开始进行如厕训练了，但是她每天都会把大小便拉在裤子上，裤子脏了没有任何反应继续玩耍，对坐马桶不感兴趣，也不会控制膀胱和肛门括约肌。布丁的妈妈非常焦虑，觉得孩子每天这样的状态很不体面。老师建议让布丁穿回纸尿裤，半年以后，等到时机成熟了，再次开始如厕训练。半年后，布丁已经成功地在一个月内学会了自己上厕所。

请根据案例谈一谈，如何有效地对婴幼儿进行如厕训练。

项目五 婴幼儿睡眠照护

1. 掌握睡眠对婴幼儿生长发育的意义及对家庭的影响、婴幼儿睡眠环境创设的原则。

2. 能创设婴幼儿睡眠环境，实施睡眠安全照护，并培养婴幼儿良好的睡眠习惯。

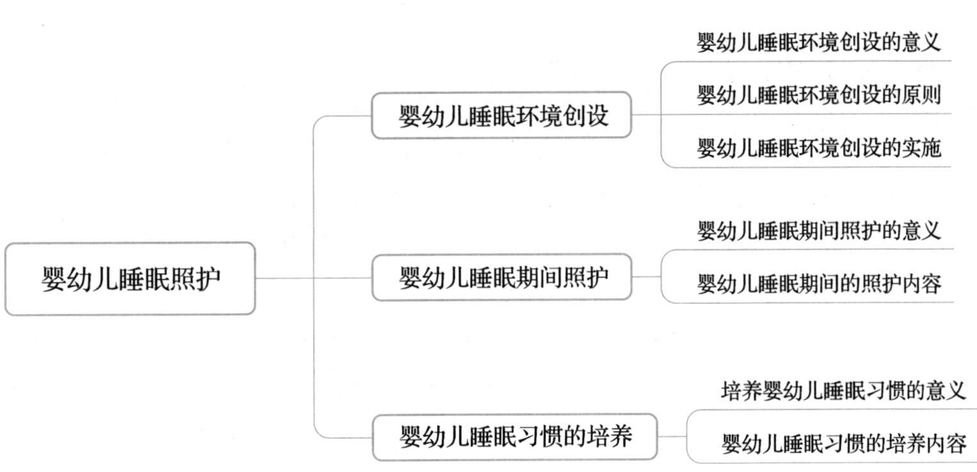

素养元素 关爱婴幼儿；安全防护；爱心、耐心、细心和责任心的职业素养

实施要点

1. 通过探究婴幼儿睡眠照护的相关问题，践行关爱婴幼儿的理念，营造温馨、安全的睡眠环境，给予婴幼儿安全的睡眠照护。

2. 在婴幼儿睡眠照护实践中，培养学生的爱心、耐心、细心和责任心。

1. 学习前要回顾之前所学的婴幼儿生长发育及睡眠的知识。
2. 查阅《0～5岁儿童睡眠卫生指南》，了解婴幼儿睡眠的卫生指导。
3. 结合托幼机构的调查和见习、实习，分析婴幼儿睡眠环境的创设、睡眠的照护及良好睡眠习惯的培养。

任务一 婴幼儿睡眠环境创设

情境导入

小宝妈妈咨询专家："我家小宝2岁了，我可以和她分床睡吗？"

如果要分床睡，如何为婴幼儿创设良好的睡眠环境呢？

一、婴幼儿睡眠环境创设的意义

人一生有1/3的时间是在睡眠中度过的，睡眠是除饮食之外对婴幼儿生长发育影响最大的因素。孩子越小，需要的睡眠时间越多。睡眠质量不仅影响婴幼儿的体格发育，而且对其中枢神经系统的发育和成熟也起着重要作用。婴幼儿的早期睡眠决定了其性情和行为模式，将影响婴幼儿的一生。

从医学保健角度分析，婴幼儿睡眠时脑垂体分泌的生长激素有利于他们的身体发育，增强机体抵抗疾病的能力，氧和能量的消耗最少，有利于恢复体力。如果婴幼儿长期睡眠不足会影响其生长激素正常分泌。通俗地说，睡眠不足会使孩子长不高。

睡眠不足会影响儿童认知功能的发育，损伤大脑额叶皮质功能，导致情感和注意力的改变，引发语言及抽象思维功能的缺陷。

为提高婴幼儿睡眠质量，首先要创设良好的睡眠环境，这不仅有利于婴幼儿的健康成长，还能提高家庭的幸福指数。婴幼儿日睡眠时间表，如表5－1－1所示。

表5－1－1 婴幼儿日睡眠时间表

单位：小时

月（年）龄	日间	夜间	合计	不推荐
新生儿	睡—醒	睡—醒	18～20	
1～3月	4～6	9～10	13～16	＜11；＞19
4～11月	3～5	9～10	12～15	＜10；＞18

续表

月（年）龄	日间	夜间	合计	不推荐
1～2岁	2.5～4	9～10	11～14	＜9；＞16
3～5岁	2～2.5	9～10	10～13	＜8；＞14

备注：睡眠次数除新生儿外，日间小睡1岁以下为2～3次，1～2岁为1～2次；2岁以上加午睡1次。（参考资料：美国国家睡眠基金会睡眠时长标准对照表。）

二、婴幼儿睡眠环境创设的原则

（一）安全性原则

1. 床上没有杂物

最安全的婴儿床应该布置简单、干净整洁，床上除了床垫、床单等，什么都不放。尤其是柔软的东西，比如抱枕、毛绒玩具、衣服等。婴儿作为最“柔软”的群体，在睡梦中可能会不小心被杂物闷住口鼻，导致呼吸不畅（见图5－1－1）。

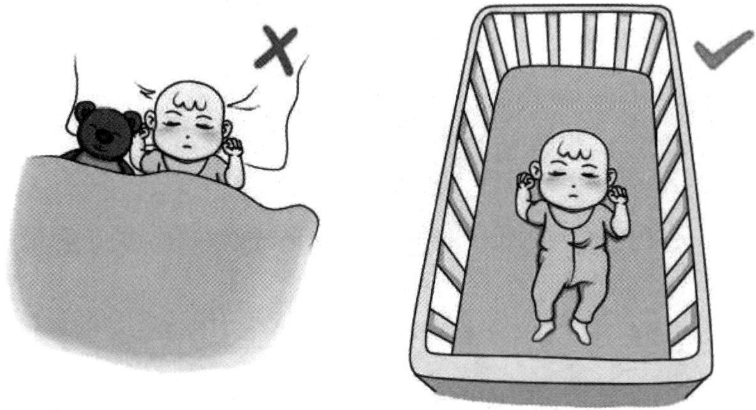

图5－1－1　婴儿床不要堆放杂物

另外，旋转玩具、床铃、带绳子的牙胶等也不建议悬挂在婴儿床上方。万一婴儿不小心抓取，可能会被绳线缠住，或者被拽下来的东西砸到。

2. 床垫质地硬一些

床垫需要有一定的支撑力、质地硬一些，以“宝宝躺下后还能保持原样”为宜。

不选择海绵、记忆棉等软床垫，因为婴儿的头占了身体一半以上的重量，睡在软床垫上头部容易下陷，堵塞气管，引发窒息。

3. 注意床围的选择

目前市面上常见的床围有两种，一种是又软又厚的防撞床围（见图5－1－2），可以直接绑在婴儿床上。它和枕头、被子等物品一样，容易闷住宝宝的口鼻，绑床围的绳子也会增加婴儿被套住、窒息的风险，所以不建议使用。

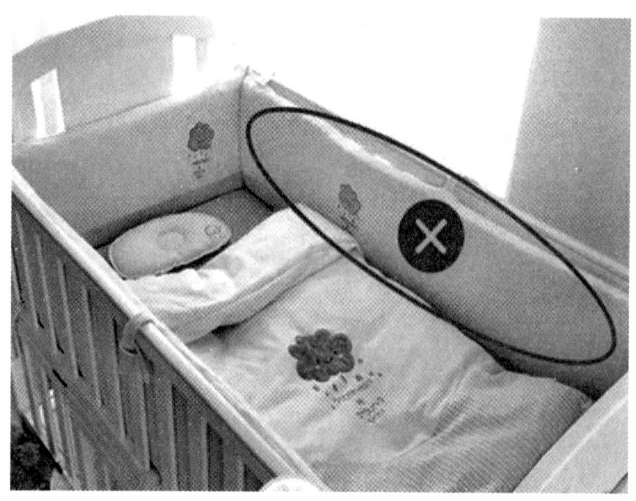

图5 1 2 防撞床围

还有一种是透气网纱床围（见图5－1－3），这种床围一般是安装在成人床上的。使用这种床围时一定要注意：尺寸合适，床围与床垫之间没有缝隙，防止婴儿手脚夹伤或陷入窒息；足够结实，反复推拉也不会损坏、翻倒或变形；围栏至少高出床面30cm，防止婴儿在睡梦中翻滚掉落。

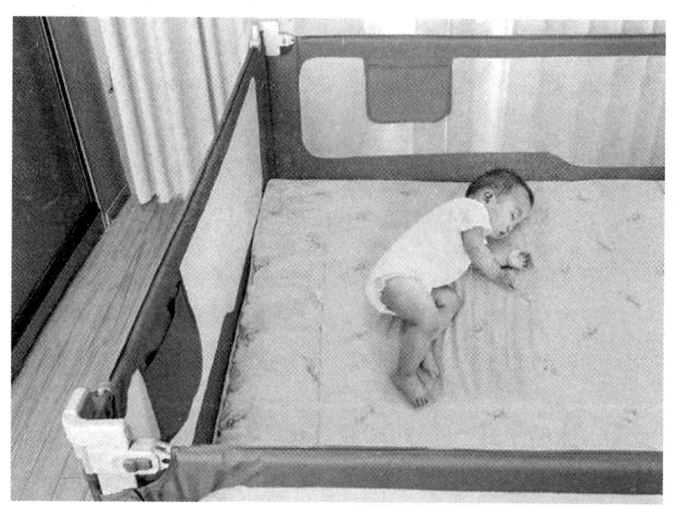

图5－1－3 透气网纱床围

上述婴幼儿床品均要通过正规渠道购买，符合国家质量标准，适合婴幼儿尺寸。要满足材质安全、无甲醛残留、围栏之间的间隔不超过6cm等要求，防止婴幼儿睡觉时跌落或撞伤。

4. 保持安全睡姿

常见的婴幼儿睡姿有三种：仰睡、趴睡、侧睡（见图5－1－4）。我国国家卫健委、英国国家医疗服务体系等权威机构认为：对1岁内，尤其是3个月内的宝宝来说，采用仰卧的姿势把他放在床上是最安全的。

图 5－1－4　常见的婴幼儿睡姿

有研究显示：仰睡发生婴儿猝死综合征的概率最低。

（二）舒适性原则

1. 保持比较安静的环境

比较安静的环境是相对而言的，并非不能有一点儿声音，家人间的正常交流没必要因为宝宝睡觉而停下来。相反，一些单调的、有节奏的声音反而有助于宝宝入眠，比如雨点声、催眠曲等。应尽量避免噪声的出现，比如过大的电视、手机声，大声喧哗等。噪声在 50 分贝以下，属于比较安静的环境；噪声达到 60 分贝就会影响睡眠了。

2. 提供舒适的床品和睡衣

婴幼儿在园午睡的床上用品尽可能由家长提供，因为孩子熟悉的、已经使用过的床上用品比较舒适，有助于孩子更好地入睡。照护者应根据不同的季节为孩子准备宽松舒适的睡衣。穿睡衣一方面有利于孩子入睡，另一方面则是培养睡前的“仪式感”，当保育师给孩子换上睡衣的时候，无形中是在告诉孩子睡觉的时间到了。

（三）独立性原则

1. 尽量分床睡

很多父母习惯和宝宝睡在同一张床上，这样做看似方便，其实存在着潜在风险。例如，有时候父母太累，熟睡中翻身时可能会压到宝宝；大人床上的被子、枕头等物品，容易导致宝宝窒息。我国国家卫健委、世界卫生组织等都建议：1 岁前的宝宝最好单独睡在婴儿床里，可以将婴儿猝死综合征（6 个月内宝宝死亡的常见原因）的风险降低 50%。

2. 尽量少哄抱入睡

识别到婴幼儿有困意或是到睡眠时间了，照护者可以把婴幼儿轻轻放在床上，可轻拍陪伴他进入梦乡，给予婴幼儿安全感；同时不宜将喂奶当催眠，将喂奶或进食与睡眠分开，至少在婴幼儿睡前 1 小时喂奶，培养婴幼儿独立入睡的习惯。

三、婴幼儿睡眠环境创设的实施

睡眠环境包括两个方面，一方面是物理环境：包括卧室环境和床品环境；另一方面是心理环境，包括心理准备和睡前活动安排。

（一）创设安全、舒适、温馨的物理环境

1. 卧室环境

（1）采光和通风条件。婴幼儿的睡眠区应明亮且阳光充足，并安置在房间内偏安静的那一侧。在婴幼儿睡眠时段，可用窗帘遮光，但窗帘不要选择完全遮光的材质，相较完全黑暗的环境，孩子睡觉时需要一些细微、柔和的光线。另外，承担睡眠功能的保育室应保持良好通风，白天的室温在20℃左右为宜，湿度在60%左右为宜。研究发现，室温高于24℃及低于18℃时，睡眠会变浅，睡眠中的身体动作和醒来的次数也会增多。卧室内空气适宜的温湿度和相对比较安静的环境是促进睡眠的必要条件。

（2）房间的色彩。研究表明，颜色会明显影响人的情绪和睡眠质量。一般来说，婴幼儿房间的墙壁最好采用米白色或者温暖的粉彩色系，四面墙壁以及天花板可以采用不同的颜色，但不同区域之间的颜色需要互补、和谐，确保整体的美感。尽可能不要出现太刺眼、太明艳的颜色，这样容易使婴幼儿产生兴奋、不安、紧张等情绪。

资料链接

美国儿科学会对安全睡眠环境的描述

（1）不应让婴儿单独或与成人一起睡（床、沙发、椅子）。

（2）应在父母旁边为婴儿设置单独摇篮或婴儿床。

（3）选择合适衣物，过于宽松或紧绷均不可取。

（4）避免在婴儿床上放置任何额外的床上用品；选择坚实的床垫。

（5）将玩具及填充动物移出婴儿睡眠区域。

（6）使用通过安全认证的婴儿床床垫，配以床单。

（7）避免遮盖婴儿头面部。

（8）始终保持仰卧的睡眠姿势。

（9）保持无烟环境。

2. 床品准备

床品准备首要关注的是安全性及舒适性，颜色、款式应简洁、大方。床品应勤洗、勤晒。

床具：床单适宜用棉质的，被子根据气候选择。春秋季选择夏秋被、被褥，冬天

选择加厚的棉被和加厚的棉垫、床单，被褥要勤洗晒。夏天铺凉席，每天都要用温水擦拭，一周消毒 1 ～ 2 次。

床垫：选择软硬适中的床垫，一般席梦思床垫和棕榈床垫为宜。

床宽：以肩宽的 2.5 ～ 3 倍为宜，太宽易令婴幼儿产生不安心理。

枕头：全棉材质，透气性好，软硬适中，高度以 3 ～ 4cm 为宜，其长度与肩宽基本相等。

睡衣应为棉质、柔软、宽松、干爽的衣物，婴幼儿睡觉时不要穿着过多。

睡前为婴幼儿换好尿布或纸尿裤，保持身体舒适。

（二）创设宽松、舒适、温馨的心理环境

1. 安静活动

睡前安排 3 ～ 4 项活动，如盥洗、如厕、讲故事等。活动内容每天基本保持一致，固定有序，温馨适度。活动时间控制在 20 分钟内，活动结束时，尽量确保婴幼儿处于较安静状态。

2. 睡前仪式

生活需要仪式感，婴幼儿同样需要。建立并遵循一个有规律的睡前惯例会帮助婴幼儿养成良好的睡眠习惯。保育师通常要做的婴幼儿睡前准备是：把所有的玩具收起来，关上窗户，轻轻拉上窗帘，然后开始为孩子们安静地讲睡前故事（读绘本）。这样的睡前仪式和环境降低了外在的刺激，向孩子们传达了可预测的信息：午睡时间到了，要把正在玩的活动停下来，准备午睡了。

换上睡衣，让婴幼儿有心理准备。托小班的保育师应拿出孩子的睡衣给孩子换上并跟孩子说："睡觉的时间到了，我们现在换上睡衣要睡觉了。"脱衣动作要紧凑，避免着凉。引导婴幼儿识别自己的衣物并将之放在固定位置。

托大班的保育师一般会在午睡前给孩子们读绘本，但事先会跟孩子们约定好共读的册数（一般为两本绘本）。在阅读完一本绘本后再和孩子确认："我们已经读了一本了，还有一本读完就要睡觉了。"目的是循序渐进地让孩子接受约定的结果，而不是一口气把绘本读完后直接告诉他们："我们现在要睡觉了。"需要补充说明的是，即使阅读前与孩子有约定，但婴幼儿的记忆还属于短时记忆，他们很容易忘记约定的内容，所以需要保育师在每一本绘本阅读完后再次跟他们确认，如果将所有绘本读完后直接告诉孩子要睡觉了，这会让孩子感觉突然，甚至会导致孩子发脾气的现象。[①]

对 1 岁半之后的婴幼儿制定并执行必要的睡眠规则。这些规则最好在睡觉前就设立好。比如，睡觉前要给孩子一个温和的提醒，提醒他们在睡觉前可以喝水、如厕，但是一旦说了"午安""晚安"，就要睡觉了，所有的交谈就该停止了。

---

① 张兴利．营造温馨、安全的婴幼儿睡眠环境．早期教育（教育教学），2020（5）．

回应性照护要点

1. 创设睡眠环境

创设良好的睡眠环境是婴幼儿高质量睡眠的前提，照护者不仅要关注物质环境，而且不能忽视创设宽松、舒适、温馨的心理环境。到了睡眠时段，照护者的动作要慢、说话声音要小，并且要营造出一种平静而安宁的气氛。其目的是给婴幼儿一种安全感和温暖感，从而帮助他们入睡。

2. 选择合适的时机引导婴幼儿入睡

照护者应敏感观察并注意孩子的睡眠信号：是否打呵欠、揉眼睛或者想要闭上眼睛；动作突然慢下来或者不再那么有力；变得安静下来，不再玩玩具了；有些发呆发愣，开始吮吸手指；有的孩子突然情绪不稳定、发脾气等。照护者在婴幼儿刚出现这些疲倦状态前要引导他入睡。

3. 给孩子自然入睡的机会

照护者一方面要用爱心、细心和责任心照料婴幼儿的睡眠，另一方面要充分相信婴幼儿的能力，给婴幼儿自己自然入睡的机会。

任务二　婴幼儿睡眠期间照护

情境导入

某托育中心的“小嫩苗班”来了 12 个可爱的宝宝，年龄在 18 ～ 24 个月。一天中午，宝宝们都进入了甜甜的梦乡，突然，小佳惊醒并大哭，其他宝宝也醒了。

如何进行睡眠照护才能让婴幼儿拥有高质量的睡眠呢？

一、婴幼儿睡眠期间照护的意义

有研究发现，人在儿童阶段普遍存在睡眠问题，且年龄越小睡眠问题发生率越高：28% ～ 40% 的婴儿存在着睡眠问题，其中最常见的睡眠问题是入睡困难、昼夜节律紊乱和频繁夜醒等。① 儿童睡眠问题会对健康产生一系列影响：影响生长激素分泌，从而影响孩子生长发育，特别是身高的增长；影响孩子智力发育，特别是认知和记忆力的发展；影响儿童心理发展，导致孩子兴奋、易怒、焦虑、多动等；影响免疫力，有睡眠问

---

① 魏蜀颖 . 学龄前儿童睡眠障碍发生率及影响因素分析 . 世界睡眠医学杂志，2018，5（6）.

题的婴幼儿免疫力会降低、代谢紊乱、爱生病、肥胖发生率更高。同时，婴幼儿在睡眠期间也容易出现一些安全问题，比如因俯卧或蒙头睡等导致窒息死亡、从床上跌落导致意外伤害或被动物咬伤等。

因此，加强婴幼儿睡眠期间的照护对于确保婴幼儿睡眠安全、培养良好睡眠习惯、及时发现并处理睡眠问题、让婴幼儿拥有优质的睡眠等具有重要的意义。

二、婴幼儿睡眠期间的照护内容

（一）巡视观察

婴幼儿入睡后，保育人员要随时巡视，观察他们的睡眠情况，关注其面色、呼吸、精神状态、冷暖及有无异常行为等。正常的婴幼儿在睡眠时比较安静舒坦，呼吸均匀且没有声响，有时小脸蛋上会出现一些有趣的表情。

如果婴幼儿在睡眠中出现了一些异常现象，预示他将要或已经患了某些疾病（应及时发现并及早告知家长咨询医生处理，以免贻误）。异常情况如下：

1. 出汗异常

大多数婴幼儿夜间出汗都是正常的，但如果大汗淋漓，并伴有其他不适的表现，就要注意观察，加强护理，必要时要去医院检查治疗。比如婴幼儿入睡后大汗淋漓、睡眠不安，再伴有四方头、出牙晚、囟门关闭太迟等征象，这可能是患了佝偻病。

2. 发烧前兆

若婴幼儿在睡觉前情绪烦躁，入睡后全身干涩，面颊发红，呼吸急促，脉搏增快，可能预示即将发烧。

3. 身体疾病

若婴幼儿在睡眠时哭闹，时常摇头、抓耳，有时还伴随发烧，可能是患了外耳道炎、湿疹或是中耳炎。若婴幼儿在睡觉时四肢抖动，则是白天过度疲劳所引起的。婴幼儿在睡觉时听到较大响声而抖动是正常反应；相反，要是毫无反应，而且平日爱睡觉，则当心听力问题。若在熟睡时，尤其是仰卧睡时，鼾声较大，张嘴呼吸，而且出现面容呆笨，鼻梁宽平，则可能是因为扁桃体肥大影响呼吸所引起的。

4. 寄生虫病

婴幼儿在睡觉时不断地咀嚼、磨牙，则可能是肚子中有蛔虫，或白天吃得太多，或消化不良。若睡觉后用手搔屁股，且肛门周围有白线头样的小虫在爬动，则是蛲虫病。

5. 其他异常

婴幼儿在睡觉时如呕吐、吐奶，手指或脚趾抽动且肿胀，照护者应检查婴幼儿是否被头发或其他纤维丝缠住。

（二）睡姿安全

婴幼儿睡眠的姿势各异，基本上有三种，即仰卧位、侧卧位和俯卧位。睡姿会影响婴幼儿的面部和头型，也与睡眠安全密切相关。到底哪种睡姿好呢？

1. 仰卧位

仰卧位（见图 5－2－1）的优缺点：

（1）优点。

1）仰卧位睡眠可使照护者能更好地观察婴幼儿面部表情，遇到突发状况时可及时处理。

2）仰卧位睡眠时对全身内脏器官压迫最少，如心脏、胃肠道、肺部等，可减轻内脏负担。

3）仰卧位睡觉时全身肌肉放松，四肢可自由活动。

4）1 岁以内婴儿面部软骨容易发生变形，仰卧位姿势可较好地避免对面部软骨的压迫。

图 5－2－1　仰卧位

（2）缺点。

1）仰卧位睡眠时由于舌根放松并向后坠，影响呼吸道通畅，对原本呼吸不通畅的婴儿影响更大，如发生上呼吸道感染时。

2）新生儿胃容量小，呈水平位，胃部贲门括约肌肌肉松弛，导致新生儿进食后容易发生溢奶，仰卧式睡眠时食物易呛入气道，导致吸入性肺炎。因此，刚进食的新生儿不宜采用仰卧位姿势睡眠。

3）长期仰卧睡容易造成婴幼儿扁头形。

注意：如果婴幼儿感冒鼻塞或刚吃完奶后一定不要仰睡。

2. 侧卧位

侧卧位（见图 5－2－2）的优缺点：

图 5－2－2　侧卧位

（1）优点。

1）缓解婴幼儿全身肌肉紧张，有助于提高睡眠质量。

2）不易发生呛奶，减少呛奶导致的安全事故。

3）右侧卧位时增加肝脏血运且促进胃内食物向肠道转运，从而促进消化。

（2）缺点。

1）左侧卧可能对心脏造成一定压迫，影响心功能。

2）长期侧卧容易引起耳郭变形、大小脸、歪头和斜视。

3. 俯卧位

俯卧位（见图 5－2－3）的优缺点：

图 5－2－3 俯卧位

（1）优点。

1）俯卧位睡眠可增大胸腔压力，有利于婴幼儿的呼吸，且在一定程度上锻炼与呼吸相关的肌肉活力，增强心肺功能。

2）发生溢奶时奶水可以直接从嘴中流出，不易发生呛奶窒息。

（2）缺点。

1）俯卧位睡眠时婴幼儿因重复吸入二氧化碳会导致缺氧，使外周血管扩张导致心率下降、血压下降，从而增加婴幼儿猝死综合征发生率。

2）长期俯卧对婴幼儿头部、面部影响较大，容易造成头部及面部变形。

3）婴幼儿口鼻容易被枕头、床巾堵住造成窒息，而且因俯卧位不易被成人观察到。

注意：吃奶后和夜晚不适宜俯卧，应避免婴幼儿在无监护情况下使用俯卧位姿势入睡。

综上所述，对年龄小的婴幼儿，并没有哪种睡眠姿势为最佳睡眠姿势。照护者应根据婴幼儿的特点和不同状况采取不同的睡眠姿势，并经常更换睡眠姿势。

（三）记录备案

保育师将婴幼儿午睡（睡眠）时的具体情况详细记录在表中，如入睡情况，情绪情况，是否有咳嗽、流鼻血、尿床或其他睡眠异常等。为每一位婴幼儿建立睡眠档案，内容包括：婴幼儿一般什么时候入睡，什么时候睡醒，哪些婴幼儿什么时候需要提醒小便，哪些需要纠正睡姿，哪些容易出汗，哪些睡前吃手等。及时反馈婴幼儿的午睡情况，提醒家长注意。要做到对每个婴幼儿的午睡习惯和睡眠规律了如指掌，才能正确引导婴幼儿养成良好的睡眠习惯。

（四）起床护理

婴幼儿起床后照护者应做以下工作：帮助和指导婴幼儿换穿衣服，检查婴幼儿的着装情况，做到衣着整齐；冬天要把婴幼儿的上衣塞进裤子，避免腹部受凉；提醒婴幼儿小便，睡醒后喝水；午睡后检查婴幼儿的脸色、精神状态，如发现异常要及时通知保健医生；可以播放轻音乐，陆续照顾婴幼儿起床；有些婴幼儿有起床气，应耐心安抚，床铺不宜马上整理，应在适时通风后再整理。

回应性照护要点

1. 做到随时照护

婴幼儿睡眠时段，保育人员必须在场，观察巡视，随时照护，确保安全。

2. 个体差异，适宜照护

对午间哼唧，突然惊醒哭闹，或者夜惊突然尖叫大哭的婴幼儿，照护者要迅速通过言语、抚摸、轻拍、抱起、喂哺等方式进行安抚，帮他们认清环境，重新进入睡眠状态。视其情况决定是否直接唤醒，脱离大哭状态。如果会影响其他婴幼儿睡眠，可以将哭闹的婴幼儿带离寝室。

3. 允许安慰物陪伴入睡

允许有安抚奶嘴、布娃娃、毛巾等安慰物陪伴婴幼儿入眠，但要加强照护，确保安全。

任务三　婴幼儿睡眠习惯的培养

情境导入

两个妈妈在一起聊天。一位妈妈说：“我家宝贝每天一定要抱着摇才能睡着，一放到床上就惊醒，哭个不停。”另一位妈妈说：“我家宝宝晚上 12 点还不睡觉，睡觉少已经影响到身高了。”

如何培养婴幼儿良好的睡眠习惯？

一、培养婴幼儿睡眠习惯的意义

（一）发展意义

新生儿睡眠一般不分昼夜，6～12月龄宝宝的睡眠向成人模式发展，1岁左右的婴幼儿基本可以建立较稳定的睡眠—觉醒模式，但有个别差异。0～5岁是培养婴幼儿良好睡眠习惯的重要时期，从小培养睡眠习惯，形成良好的作息规律，才能促进婴幼儿健康快乐地成长。

（二）临床意义

健康的睡眠表现为时间长度足够、时间安排恰当、质量良好、有规律性，以及没有紊乱和障碍。充足的睡眠时间最有利于婴幼儿的生长发育。睡眠分为慢相睡眠和快相睡眠。新生儿和哺乳期婴儿的快相睡眠占40%～50%，而成人只占20%。在快相睡眠这个阶段，人体脑内蛋白质合成增加，新的突触联系建立，有利于婴幼儿神经系统的成熟，促进学习记忆活动和精力的恢复。因此，婴幼儿应保证睡眠充足。现实中观察到许多婴幼儿存在睡眠问题。有研究表明，与2004年相比，2022年国内婴幼儿的睡眠时间呈减少趋势。13.8%～21.7%的婴幼儿睡眠时间不足，提示需要在儿童早期重视培养其良好的睡眠习惯。①

二、婴幼儿睡眠习惯的培养内容

《托育机构保育指导大纲（试行）》提出，0～3岁婴幼儿睡眠的保育目标：一是获得充足睡眠；二是养成独自入睡和作息规律的良好睡眠习惯。

（一）培养规律就寝的习惯

托育园要执行一定的生活作息制度，固定婴幼儿睡眠和唤醒时间。通过建立条件反射（如前文提到的睡眠仪式）使婴幼儿养成按时睡眠、按时起床、早睡早起的习惯。每天在同一时间入睡，这将帮助婴幼儿了解预期发生的事情并建立健康的睡眠模式。家园配合，长期坚持。如周末在家也要让婴幼儿午睡1～2小时，晚上9点前要上床入睡，保证充足的睡眠。固定睡前活动帮助入眠，如睡前洗澡、排尿，换上舒适的睡衣，做做抚触，播放固定的音乐，有助于更好地入睡。晚上10点到凌晨是生长激素分泌的高峰期（是白天的3倍）且必须在深睡1小时后才能达到这一水平。入睡过晚，会影响生长激素的分泌。

（二）培养独自入睡的习惯

睡前不拍、不抱、不摇，更不能奶睡，让婴幼儿独自入睡。刚入托育园的婴幼儿常常会出现睡眠问题，其主要原因是无家长陪睡难以入眠，再加上对到托育园生活的不适应，

① 冯围围，等．中国6市城乡3岁以下婴幼儿睡眠时间现状调查．中国妇幼健康研究，2022（1）．

睡眠问题比较突出。因此，新托班可临时增加照护人员，给予婴幼儿玩具或安慰物，耐心陪伴。之后逐渐减少单独陪伴的次数，视其情况逐渐拿掉玩具，让婴幼儿学习独自入睡。

（三）培养婴幼儿正确的睡姿

睡姿关乎婴幼儿的生长发育和安全问题，托育园和家庭都要注意培养婴幼儿正确的睡姿，做到不蒙头、不含奶头、不咬被角、不吃手，开始睡眠取仰卧位或右侧卧，睡眠过程变换睡姿。

资料链接

婴幼儿睡眠指南

国家卫生健康委员会官网在2017年10月发布了国家卫生行业标准《0～5岁儿童睡眠卫生指南》（WS/T 579—2017），于2018年4月1日实施。

我们来看一下其中有关睡眠卫生指导的内容：

1. 睡眠环境

卧室应空气清新，温度适宜。可在卧室开盏小灯，睡后应熄灯。不宜在卧室放置电视、电话、电脑、游戏机等设备。

2. 睡床方式

婴幼儿宜睡在自己的婴儿床里，与父母同一房间。幼儿期可逐渐从婴儿床过渡到小床，有条件的家庭宜让儿童单独一个房间睡眠。

3. 规律作息

从3个月～5个月起，儿童睡眠逐渐规律，宜固定就寝时间，一般不晚于21:00，但也不能提倡过早上床。节假期保持固定、规定的睡眠作息。

4. 睡前活动

安排3～4项睡前活动，如盥洗、如厕、讲故事等。活动内容每天基本保持一致，固定有序，温馨适度。活动时间控制在20分钟内，活动结束时，尽量确保儿童处于安静状态。

5. 入睡方式

培养儿童独立入睡的能力，在儿童瞌睡但未睡着时单独放置小床睡眠，不宜摇睡、搂睡。将喂奶或进食与睡眠分开，至少在幼儿睡前一小时喂奶。允许儿童抱安慰物入睡。儿童哭闹时父母先耐心等待几分钟，再进房间短暂待在其身边1分钟～2分钟后立即离开，重新等候，并逐步延长等待时间，帮助儿童学会独立入睡和顺利完成整个夜间连续睡眠。

6. 睡眠姿势

1岁以前宜仰卧位睡眠，不宜俯卧位睡眠，直至婴幼儿可以自行变换睡眠姿势。

回应性照护要点

1. 环境创设

为婴幼儿提供良好的睡眠环境和设施，温湿度适宜，白天睡眠不过度遮蔽光线，设立独立床位，保障安全、卫生。

2. 睡中巡查

加强睡眠过程中的巡视与照护，注意观察婴幼儿睡眠时的面色、呼吸、睡姿，避免发生伤害。

3. 关注个体

关注个体差异及睡眠问题，采取适宜的照护方式。

项目小结

通过本项目的学习，学生能了解睡眠对婴幼儿生长发育的意义，阐述婴幼儿睡眠环境创设原则及照护的实施；能对婴幼儿实施睡眠期间的安全照护，培养婴幼儿良好睡眠习惯；拓展了解《0～5岁儿童睡眠卫生指南》的内容，尝试解决婴幼儿睡眠存在的问题。在操作、见习、实习中能关爱婴幼儿，工作态度认真。

实践运用

1. 托育园实践：观察婴幼儿午睡情况

要求：学生在保健医和班级保育师的带领下，分组观察班上婴幼儿午睡情况，做好记录（见表5-3-1），并撰写观察报告。

表5-3-1 婴幼儿午睡观察记录表

班级： 人数： 日期：

观察项目	实录	存在的问题	改进或建议
睡眠环境			
睡前准备（含午检）			
婴幼儿情绪			
自理情况			
睡姿			
入睡率			
睡眠看护情况			
特殊睡眠儿童护理			
其他情况			

2. 托育园实践：婴幼儿午睡环节的组织和照护

要求：学生在保健医和班级保育师的指导下，观摩并承担婴幼儿午睡环节的组织和照护，做好实习记录和总结。

同步练习

一、选择题

1.（单选）1 ～ 2 岁的婴幼儿每日睡眠时间应为（　　）。

A. 18 ～ 20 小时　B. 14 ～ 16 小时　C. 12 ～ 14 小时　D. 11 ～ 12 小时

2.（单选）以下对安全睡眠环境的描述不正确的是（　　）。

A. 不应让婴儿单独或与成人一起睡（床、沙发、椅子）

B. 应在父母旁边为婴儿设置单独的摇篮或婴儿床

C. 使用通过安全认证的婴儿床床垫，配以床单

D. 将玩具及填充动物放在婴儿睡眠区域

3.（单选）婴幼儿在睡眠中出现的一些异常现象不包括（　　）。

A. 微微出汗　B. 张口呼吸　C. 寄生虫病　D. 发烧前兆

4.（单选）保育师应将婴幼儿午睡（睡眠）时的具体情况详细记录在表中，以下哪项不需要记录？（　　）

A. 入睡情况　B. 情绪情况　C. 是否尿床　D. 喝奶时间

5.（多选）婴幼儿睡眠环境创设的安全性原则有（　　）。

A. 床上没有杂物　B. 床垫质地硬一些

C. 注意床围的选择　D. 保持安全睡姿

6.（多选）婴幼儿睡眠的姿势各异，基本上有（　　）。

A. 仰卧　B. 俯卧　C. 侧卧　D. 坐卧

二、判断题

1. 为提高婴幼儿睡眠质量，首先要创设良好的睡眠环境，这不仅有利于婴幼儿的健康成长，还能提高家庭的幸福指数。（　　）

2. 培养婴幼儿独自入睡的习惯，睡前不拍、不抱、不摇，更不能奶睡。（　　）

3. 托育园要执行一定的生活作息制度，固定婴幼儿睡眠和唤醒时间。通过建立条件反射（如睡眠仪式）使婴幼儿养成按时睡眠、按时起床、早睡早起的习惯。（　　）

4. 人一生有 1/3 的时间是在睡眠中度过的，睡眠是除饮食之外对婴幼儿生长发育影响最大的因素。孩子越大，需要的睡眠越多。（　　）

5. 4 ～ 11 个月婴儿每日睡眠时间为 12 ～ 14 小时。（　　）

6. 婴幼儿睡眠可选择海绵、记忆棉等软床垫，以增加舒适度。（　　）

7. 婴幼儿可随意调整睡姿。（　　）

8. 托育中心一般给一个婴幼儿准备一张床。(　　)

三、简答题

1. 简述不同月龄的婴幼儿日睡眠时间。

2. 简述婴幼儿睡眠环境创设的独立性原则。

3. 简述婴幼儿睡眠习惯的培养方法。

四、案例分析题

3 个月的小花需要妈妈抱着奶睡，吃饱奶还要抱着拍，睡着后过一段时间妈妈才能将她放到床上。小花白天睡觉时经常哭着醒来，夜间睡觉要吃 2 ～ 3 次奶。

请分析小花睡眠存在的问题并给予正确的睡眠指导。

项目六 婴幼儿运动照护

1. 了解婴幼儿抚触、主被动操、地板活动及户外游戏的价值与照护方法。
2. 能根据月龄合理安排婴幼儿运动游戏内容，并给予回应性照护及指导。
3. 关爱和保护婴幼儿，逐步养成在婴幼儿运动照护中的耐心、细心、责任感和使命感。

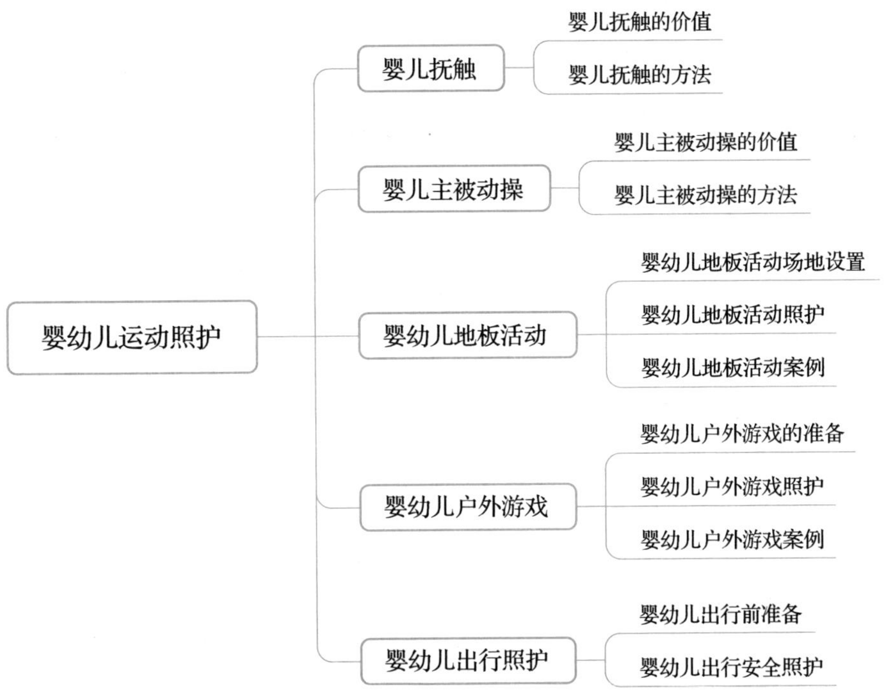

素养元素 儿童观；医育结合；安全防护，爱心、耐心、细心和责任心；工匠精神

实施要点

1. 通过婴幼儿运动游戏设计和实施的探究，帮助学生树立正确的儿童观和医育结合的科学运动观。

2. 在婴幼儿安全运动照护实践中，渗透对婴幼儿的爱心、耐心、细心和责任心，不断提升专业技能，体现托育服务专业人才的工匠精神。

1. 前期熟练掌握 0 ～ 3 岁婴幼儿身心发展特点及动作发展的基本规律。

2. 查阅相关托育法规，了解关于婴幼儿一日生活中运动照护的基本规定。

3. 结合托幼机构的调查和见习、实习，实地了解不同月龄段婴幼儿动作发展的水平及游戏偏好，并总结相关领域的玩教具。

任务一　婴儿抚触

情境导入

朵朵是 2 个月的小姑娘，足月顺产，刚刚沐浴完躺在包单上不停地扭动身体。妈妈熟练地用浴巾包裹朵朵身体，手掌心倒上抚触油，轻轻告诉她要抚触了。朵朵像是听懂了一样安静地享受着妈妈的轻抚，小手上下挥舞着，似乎在表达自己内心的满足。

妈妈给朵朵做的抚触有什么作用？如何正确给婴儿做抚触呢？

婴儿抚触是指抚触者通过双手有技巧、有顺序、力度适宜地抚摸婴儿身体部位的皮肤，温和地刺激婴儿皮肤感受器并传导到中枢神经系统，以期对婴儿的身体和心理产生积极影响的一种育儿方法。

一、婴儿抚触的价值

（一）促进婴儿生长发育

抚触能促进婴儿体格生长发育及智力发育。早在 1986 年，美国迈阿密大学触摸研究所的蒂芙尼·菲尔德就发现了抚触的价值：对早产儿做连续 10 天、每天 3 次、每次 15 分钟的按摩，结果发现，接受按摩的婴儿睡眠节律更好，反应更加灵活。柯国琼团队通过临床观察、改良抚触方法用于婴儿，发现两组婴儿的头围、身长和体重等明显特征在 42 天时出现显著性差异，抚触组婴儿对于外界刺激的反应、适应外界环境的能力、上肢活跃程度与手的抓握能力及抓握力度都增强了。腹部抚触对便秘、胀气也有一定的缓解作用。

抚触能促进婴儿各种神经系统的完善及行为系统的发育，减少外界应激行为，哭闹减少，睡眠节奏更安稳。在抚触时，增加一些声源，如低声温柔的讲话声，轻柔的音乐等，能够对婴儿听觉形成刺激，不仅能促进神经系统的发育、减轻机体的应激状态、改善睡眠、促进消化，也能促进婴儿精神与行为的发育，在一定程度上提高婴儿的社交能力和辨识力，最终达到促进婴儿生长发育的作用。

（二）增进人际交流

抚触增加了家人与婴儿的情感交流，母亲或者照护者通过手部轻抚婴儿身体各部位的皮肤，通过表情、言语、动作和婴儿不停互动，使得婴儿与母亲或者照护者之间的依恋不断加强，增进了相互之间的关系。随着婴儿对于抚触行为的适应，逐渐产生心理预期，对于成人轻抚也会有较积极的回应。婴儿抚触不是一种机械的操作，更确切地说是照护者与婴儿之间源于心灵的安抚和交流。婴儿进托育机构后，抚触是建立心理依恋的方法之一。

二、婴儿抚触的方法

在婴儿出生后的第二日可以开始进行抚触，可以持续到12个月及以上。抚触中，根据婴儿的需要和反馈随时调整抚触的时长、顺序和手法。目前通用的抚触方法有三种，分别是国际标准全身按摩法（COT）、国内改良简易法（MDST）和国内改良简易加经络按摩法（MDSTAC）。本教材根据实际经验和效果，结合婴儿实际情况介绍全身按摩法（见表6－1－1）。

表6－1－1 婴儿抚触活动（全身按摩法）

项目	实施步骤	照护注意事项
准备	1. 环境准备 室内干净、整洁、安全；关闭门窗，无对流风；温度26℃～28℃，湿度50%左右；准备一个平坦、安全、柔软的台面，铺上包单，可播放柔和的音乐	• 选择适合宝宝的舒缓柔和的背景音乐； • 在抚触台或高度适宜的床上都可以，避免宝宝掉落
	2. 物品准备 洗手盆、洗手液、毛巾、垃圾桶、垃圾袋、纸、笔、抚触油、湿巾、纸巾、纸尿裤、隔尿垫、包单、换洗衣物	• 分类摆放，方便拿取
	3. 婴儿准备 两顿奶之间，洗澡后为宜；宝宝情绪稳定，无饥饿、瞌睡、烦躁现象；检查大小便	• 提前确定宝宝的身体和情绪无异样
	4. 人员准备 衣着整齐、束起头发、剪短指甲、摘掉首饰；采用七步洗手法洗净双手，涂抹润肤油，将双手搓热	• 注意手部不能干涩有倒刺，提前温润双手

续表

项目	实施步骤	照护注意事项
沟通	1. 脱去婴儿外衣，用包单包裹，轻轻放在抚触台上	• 尊重宝宝，态度和蔼、语气温柔，动作轻柔； • 在婴儿胸腹部盖上包单，做一个部位露出一个部位，防止着凉
	2. 俯身轻柔告诉宝宝：宝贝，我们要开始做抚触了	
操作	体位：婴儿去枕仰卧，四肢放松	• 先从 5 分钟开始，再延长到 10 ～ 15 分钟，每个动作重复 4 遍； • 力度以皮肤微微发红为宜，顺序、力度、次数根据宝宝反应可随时调整
	第一节：面部抚触 1. 弯腰面向婴儿，双手四指放在婴儿脸颊两侧，大拇指抬起由眉心中央沿眉骨轻轻滑向两侧太阳穴； 2. 拇指朝下放于下颌中央，由下颌处轻抚到两耳根处	• 温柔的眼神和轻柔的动作的交互，可以增进亲子感情，刺激语言、情感和认知的发展； • 可配儿歌： 小脸蛋，红彤彤， 摸摸宝贝小可爱
	第二节：头部抚触 1. 两手从颈部轻轻插入婴儿头枕部，一只手轻托头颈部，另一只手聚拢手心从前额顺头部向后轻抚至头颈部，倒手，换另一侧； 2. 双手轻捏婴儿两侧耳朵，沿耳郭由上到下轻捏至耳垂	• 头部不能抬太高，防止损伤婴儿脊柱，稍稍抬起即可； • 注意力度适宜，避开囟门； • 可配儿歌： 圆圆脑袋最聪明， 捏捏耳朵宝宝乐
	第三节：胸部抚触 1. 两手放于婴儿身体两侧，一只手从身体腰部一侧上推至对侧肩膀，注意避开乳头； 2. 换另一只手做对侧方向	• 做十字交叉时注意避开乳头； • 力度适宜； • 可配儿歌： 摸摸胸口真勇敢， 宝宝长大最能干
	第四节：腹部抚触 1. 一只手从婴儿小肚子的七点钟方向顺时针沿着肚子画圆（像圆圆的太阳）； 2. 另一只手从十一点钟方向顺时针画一个半圆（像月亮）	• 做日月交替抚触时注意方向为顺时针； • 脐带未脱落的婴儿注意避开脐部，力度适宜； • 可配儿歌： 小肚皮，软绵绵， 宝宝笑得甜又甜
	第五节：上肢抚触 1. 双手呈 C 字型握住婴儿手腕，一只手从肩膀推到手腕慢慢推下来； 2. 换另一只手继续轻推	• 每个部位做 4 拍，力度适宜； • 可配儿歌： 伸展伸展小胳膊， 宝宝活泼有力气

续表

项目	实施步骤	照护注意事项
操作	**第六节：手部抚触** 1. 一只手呈C字型朝上托住婴儿腕部，用另一只手的拇指、食指由指根到指尖轻捻婴儿每一根手指，由拇指到小指； 2. 轻放小手，换另一只手继续轻捻	• 每个部位做4拍，力度适宜； • 可配儿歌： 动一动，握一握， 抖抖小手最灵巧
	第七节：下肢抚触 1. 双手呈C字型托住婴儿脚腕，一只手从大腿根部轻捏至脚踝； 2. 换另一只手继续轻捏	• 一侧做4拍，力度适宜； • 可配儿歌： 揉一揉，按一按， 宝宝小腿有力气
	第八节：脚部抚触 1. 一只手呈C字型朝上托住婴儿一侧脚腕，用另一只手的拇指、食指由指根到指尖轻捻宝宝每一个脚趾； 2. 轻放小脚，换另一侧继续轻捻	• 每个部位做4拍，力度适宜； • 可配儿歌： 五只胖胖小白猪， 白天黑夜睡呼呼
	第九节：背部抚触 1. 五指并拢，双手横放于婴儿背部，手心拱起； 2. 左右手交替从颈部顺背的方向往屁股方向顺捋	• 翻身时保护好婴儿头颈部； • 俯卧时将婴儿手臂支撑于身体下方，以防掩住口鼻； • 每个部位做4拍，力度适宜； • 可配儿歌： 捋啊捋，捋啊捋， 宝宝背直不怕累
	第十节：臀部抚触 双手放于婴儿臀部两侧，用手的大鱼际顺时针轻轻揉压婴儿臀部	• 每个部位做4拍，力度适宜； • 可配儿歌： 揉一揉，按一按， 宝宝乖乖快长大
整理	告诉婴儿我们做完操了，将婴儿穿戴好后抱放到小床上休息	• 观察婴儿有无不良反应； • 帮助婴儿及时穿好衣物，防止着凉
	整理用物，适当开窗通风	• 物品分类整理，做好清洁
	洗手并做记录	• 及时记录婴儿每次的表现，以备后期调整

回应性照护要点

1. 细心观察、精进手法

在抚触中观察并敏感识别婴儿动作、声音、表情和口头请求的需求，及时掌握其生理和心理需求。操作者要调整身体姿势、表情、眼神、肢体动作及语言，给予婴儿积极恰当的回应，实现医育融合、德技并修。帮助婴儿建立信任、安全依恋和社会关系，同时提供优质的亲子互动时光，保证婴儿在尊重、自信中健康成长。

2. 选好抚触时机，顺应需要

选好抚触的时机，并在整个抚触过程中尊重、关爱婴儿，平等交流。可以自编童谣，让婴儿感到温暖愉快，通过看、听、触摸等多种感官刺激，丰富神经元的联结，促进大脑神经迅速发展。

要留心观察，顺应需要。在给婴儿做抚触时，不一定循规蹈矩，非要按照从头到脚、从左到右的顺序，每个动作一一做到。因为有的婴儿喜欢别人抚摸其肚子，有的则喜欢动动手脚。所以抚触应该按照婴儿的喜好来安排。关注个体，不能勉强婴儿抚触。如发现婴儿情绪不佳，就要停止抚触，寻找原因：尿布湿了？宝宝的肚子饿了？想睡觉了？还是哪里不舒服？如果都不是，有可能是婴儿不喜欢抚触，可以过几天再试试。

头部抚触中避开囟门。小月龄婴儿头部囟门还未闭合，头皮较软，在做头部抚触时要避开囟门。要时刻关注婴儿头部安全，不上下、左右剧烈晃动，避免磕碰。一旦发生碰撞，要及时去医院检查，记录、反馈婴儿的反应，并联系家长。

任务二　婴儿主被动操

情境导入

通过入户指导，朵朵妈妈掌握了抚触操的基本知识和操作技能。每次朵朵做完抚触都开心得手舞足蹈，看到妈妈也会发出咿咿呀呀兴奋的声音。7 个月的朵朵手脚越来越有劲儿了，自主活动也多了。

婴儿可以进行运动吗？如何帮助婴儿完成操节运动呢？

婴儿主被动操是在成人的适当扶持下，加入婴儿部分的主动动作完成的一种操节运动，适合 7 ～ 12 月龄的婴儿。适时、适量开展主被动操，可以活动全身关节和肌肉，感受基本动作，为爬行、站立、行走和跳跃奠定基础。主被动操是婴儿很好的初级锻炼方式。

一、婴儿主被动操的价值

（一）增强生理功能，提高外界适应力

通过屈肘、屈膝、抬臀、行走等被动的身体锻炼，促进婴儿胃肠食物的快速消化

和分解，加快身体的血液循环，增强机体的新陈代谢，促进婴儿的生长发育。通过视、听、触等多感官通路感知周围环境，逐步建立神经突触的联结，增强对外界的认知和适应能力。

（二）促进动作发展，提高动作灵敏度

通过对肩关节、膝关节、股关节、肘关节及其韧带的逐步拉伸和锻炼，促进关节和相关肌肉功能的增强，刺激相关肌肉、关节的发育和完善，提高机体协调性和动作的初步感知能力，使得婴儿初步的、无序的、无意识的动作逐步形成和发展分化为有目的的协调动作，为后期各阶段的动作发展奠定基础。

（三）促进亲子交流，逐步培养社会性

通过科学适宜的主被动操锻炼，配合温柔的语言、稳定的节拍、微笑的表情、轻柔的动作，帮助婴儿建立安全感和依恋，逐步形成良好的情绪情感，在操节练习中感受互动的乐趣，增进亲子关系，促进心理健康发展。

二、婴儿主被动操的方法

7 ～ 12 月龄的婴儿已经有了初步自主活动的能力，能逐步完成转头、抬头、翻身到靠坐、独坐，四肢力量逐渐增强，并逐渐能支撑身体重量。因此，常用的主被动操包括起坐运动、起立运动、提腿运动、挺胸（托腰）运动、弯腰运动、转体翻身运动、跳跃运动和扶走运动等操节，帮助婴儿逐步提升各项身体机能（见表 6－2－1）。

表 6－2－1　婴儿主被动操活动

项目	实施步骤	照护注意事项
准备	1. 环境准备 室内干净、整洁、安全、空气新鲜，温度 26℃左右，湿度 50% 左右，准备一个平坦安全、软硬适宜的台面，可播放柔和的音乐	• 选择适合宝宝的舒缓柔和的背景音乐； • 在抚触台或高度适宜的床上都可以，避免宝宝掉落
	2. 物品准备 洗手盆、洗手液、毛巾、垃圾桶、垃圾袋、湿巾、纸巾、纸尿裤、隔尿垫、纸、笔等	• 分类摆放，方便拿取
	3. 婴儿准备 喂奶后一小时，宝宝情绪稳定，无饥饿、瞌睡、烦躁现象，无大小便	• 提前确定婴儿的身体和情绪无异样
	4. 人员准备 衣着整齐、束起头发、剪短指甲、摘掉首饰，用七步洗手法洗净双手，涂抹润肤油	• 手部不能干涩有倒刺
沟通	1. 为宝宝脱去宽大外衣，穿贴身衣物，轻轻放在操作台上； 2. 俯身轻柔地告诉婴儿：“宝贝，我们要开始做操了。”用双手轻轻由双手向肩膀、由双脚向大腿根部按压，让宝宝身体慢慢放松	• 尊重婴儿； • 面带微笑、态度和蔼、语气温柔、动作轻柔

续表

项目	实施步骤	照护注意事项
操作	体位：婴儿去枕仰卧，四肢放松	● 每次约 15 ～ 20 分钟；每节操做 8 拍； ● 顺序、力度、次数根据宝宝的反应可随时调整
	第一节：起坐运动 1. 婴儿仰卧，两臂自然放于体侧，成人将拇指放于婴儿手心，让婴儿握拳抓握； 2. 轻轻拉起婴儿双手与肩同宽，拉引婴儿使其背部离开床面，慢慢坐起； 3. 坐起后一只手同时握住婴儿两手手腕，另一只手扶住婴儿头颈部，逐步由坐姿过渡到仰卧姿势	● 拉起时注意力度和速度，借助婴儿的腰背部力量逐步坐起； ● 坐起时注意支撑婴儿头颈部； ● 可配儿歌： 坐起来，躺下去， 锻炼腰背有力气
	第二节：起立运动 1. 婴儿俯卧，双手支撑在胸前，成人扶住婴儿上臂及肘部，辅助婴儿慢慢从俯卧位变成双膝跪地姿势，再顺势扶婴儿站起； 2. 再双膝跪地，还原到俯卧姿势	● 注意辅助婴儿的上臂及肘关节，让婴儿下肢发力； ● 注意力度和速度适宜； ● 可配儿歌： 宝宝、宝宝准备好， 小腿使劲站起来
	第三节：提腿运动 1. 婴儿俯卧，双手支撑在胸前，成人扶住婴儿两条小腿轻轻向上抬起； 2. 还原成预备姿势	● 只抬高下肢，腹部不离开平面； ● 可配儿歌： 宝宝手臂支撑好， 抬起小腿做做操
	第四节：挺胸（托腰）运动 1. 婴儿俯卧，成人双手扶住婴儿上臂及肘部，托起宝宝双臂使其上半身离开床面，腰部呈桥状； 2. 慢慢放下，恢复原位	● 幅度随着婴儿的力量调整，上半身离开床面即可； ● 可配儿歌： 宝宝抬头又挺胸， 弯弯身体像小桥
	第五节：弯腰运动 1. 婴儿背对成人站在前面，成人一只手扶住婴儿腹部，另一只手扶住婴儿双膝，在婴儿前方放一个玩具，引导婴儿弯腰去取玩具； 2. 拿取玩具后逐步恢复直立	● 每个动作做 2 拍，共 8 拍； ● 可配儿歌： 弯腰小手拿玩具， 全身使劲站起来
	第六节：转体翻身运动 1. 婴儿仰卧，成人左手握住婴儿双手，右手扶住婴儿背部，引导婴儿使劲向左翻身，转体到俯卧位，还原至仰卧位； 2. 向右做翻身、转体运动，还原	● 引导婴儿自主发力，成人给予辅助； ● 速度适宜，俯卧位时注意不要掩住口鼻； ● 可配儿歌： 向左蹬腿来翻身， 接着还原再向右

续表

项目	实施步骤	照护注意事项
操作	**第七节：跳跃运动** 1. 成人和婴儿面对面，双手扶住婴儿腋下； 2. 成人稍用力将婴儿托离台面，婴儿前脚掌着地做跳跃运动	• 根据高度变化，1、2拍稍高，3、4拍做连续两个小跳，共2个8拍； • 可配儿歌： 跳跳跳，向上跳， 宝宝使劲飞高高
	第八节：扶走运动 1. 婴儿背对成人站立，双手扶住婴儿腋下辅助其向前迈步走； 2. 后退回到起始位置	• 引导婴儿左右交替向前迈步，一步一拍，共4拍；然后向后交替迈步4拍，退回到起点； • 可配儿歌： 一二一，一二一， 交替迈步好宝宝
整理	1. 与婴儿交流，如“宝宝，我们做完操了，舒不舒服呀。” 2. 为婴儿做全身轻柔放松动作后为其穿戴好，休息	• 观察宝宝有无不良反应； • 帮助宝宝擦汗、放松身体，并及时穿好衣物，防止着凉
	整理用物，适当开窗通风	• 物品分类整理、清洁
	洗手记录	• 及时记录婴儿表现，以备后期调整操节计划

回应性照护要点

1. 积极回应，建立和谐人际关系

在主被动操节练习中，保育师通过轻柔的动作、温柔的语言、充满爱的表情和眼神展示出关爱、真诚、接纳、尊重和共情的情感。还要充分发挥婴儿的主观能动作用，提前告诉婴儿接下来要做的操节，结合音乐或与动作配套的儿歌，可以喊节拍来控制自己的动作速度，与婴儿逐渐建立积极正向的人际关系。

2. 循序渐进，注意力度和幅度适宜

根据婴儿的月龄和具体发育情况，运动量要逐渐增加，可打乱顺序或节选其中的几节重点训练，不操之过急。做主被动操时一定要轻柔、有节律，避免过度的牵拉和负重动作，以免损伤婴儿的骨骼、肌肉和韧带。做操时要全神贯注，观察婴儿的反应，随时调整操节力度、顺序。对于生病或不舒服的婴儿不建议做操。

任务三 婴幼儿地板活动

情境导入

快要1岁的朵朵喜欢在家里“溜达”。你瞧，朵朵快速手膝并用爬到地垫边，直立起上身用小手扶住围栏，拽着围栏晃晃悠悠地支撑起一条腿，紧接着又站直了另一条腿，这时候她一手扶围栏另一只胳膊平展开保持平衡。

婴幼儿会尝试站立行走，自由移动和探索，不愿意总是局限于有限的操节练习。照护者该如何引导婴幼儿在室内做运动，满足他们活动的需求呢？

《托育机构保育指导大纲（试行）》中，针对7～12个月婴儿“动作”的保育要点：鼓励进行身体活动，尤其是地板上的游戏活动。地板游戏就是指婴幼儿在地面开展的身体活动及各种游戏，它可以促进婴幼儿各方面协调发展。婴幼儿可以在地板上吃饭、睡觉、游戏、画画、运动和看书，地板活动为婴幼儿的动作和脑发育提供了良好的刺激。在地上自由地玩，活动的区域比较宽敞，受到的限制也比较小，婴幼儿会充分感受到自主和自我支配的责任和快乐，有助于婴幼儿独立性的发展。地板活动有助于婴幼儿大脑发育。婴幼儿能四肢着地、移动身体，学会去拿自己想要的东西，移动自己的身体去自己想去的地方。

一、婴幼儿地板活动场地设置

《托育机构设置标准（试行）》、《托育机构管理规范（试行）》和《托育综合服务中心建设指南（试行）》都对托育机构的室内环境和场地做了具体规定。参照标准，科学创设地板活动场地环境时要注意以下两点。

（一）安全卫生

开展地板活动的室内要有自然光照射，光线充足，干净整洁，空气清新，温度在25℃左右，湿度在50%左右。场地大小能满足全体婴幼儿活动。按规定，活动室、多功能活动室应做暖性、有弹性、易清洁的地面，通道地面应采用防滑材料；可适当铺设软硬适宜、厚度在2cm左右的专用环保地垫，便于婴幼儿开展地板活动而不受伤；宜选用吸声降噪材料，并搭配适合婴幼儿心理特点的色彩。

地板活动区的家具宜适合婴幼儿，防蹬踏，边缘宜做成小圆角，桌椅和玩具柜等家具表面及婴幼儿手指可触及的隐蔽处，均不得有锐利的棱角、毛刺及小五金部件的锐利尖端。要排除护栏、家具、娱乐运动设备中可能卡住婴幼儿头颈部的安全隐患。室内的电源、水源、火源以及存在危险隐患的设施设备要移除或增加安全防护措施。使用玩具、儿童用品等前后，应检查有无零件、装饰物、扣子等破损、脱落或丢失。

（二）适宜探索

在地板上活动，环境创设要符合婴幼儿的生理、心理发展特点，如活动区域可以设置不同的游戏区，放置适宜月龄的玩教具和早期读物，并合理分区、摆放整齐。玩具及图书应安全无毒，同时照护者要关注婴幼儿的啃咬行为，避免婴幼儿因啃咬而导致中毒。选择适龄玩具，不提供含有小磁铁、小块零件的玩具。利用一些带地面固定装置的围栏和厚度适宜的地垫为婴幼儿创设出一个“游戏乐园”，在可控的范围内允许他们自由探索和自主游戏，满足其探索欲望，还可以通过环境和引导帮助其养成“玩具归位”的好习惯。

二、婴幼儿地板活动照护

尝试地板游戏通常是在婴幼儿出现自主位移动作以后，主要包含粗大动作和精细动作（见图6－3－1）。其中，粗大动作核心指标包含爬行、站立和行走，精细动作游戏包含单手动作、双手协作和使用工具。

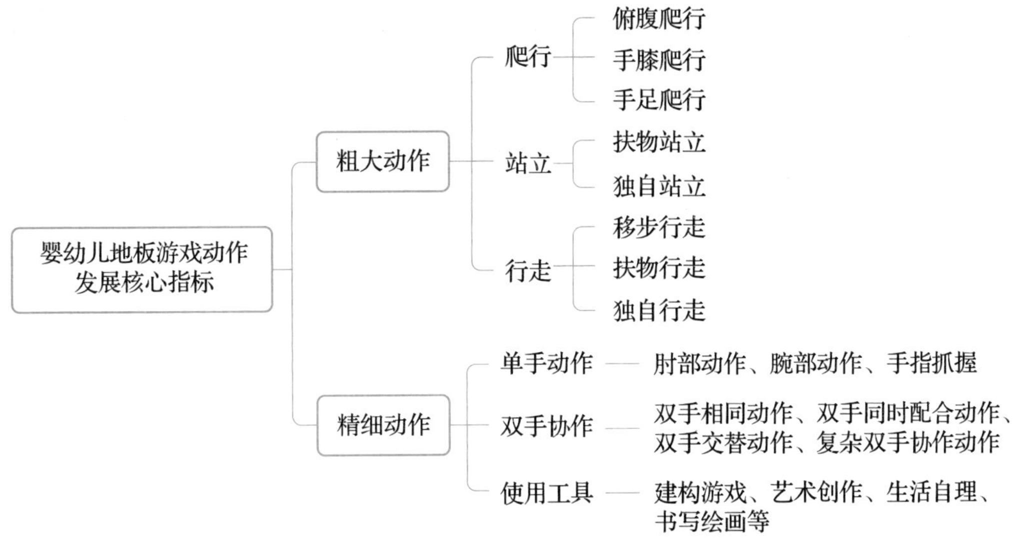

图6－3－1　婴幼儿地板游戏动作发展核心指标示意图

（一）粗大动作

1. 爬行

爬行是婴幼儿地板运动的重要内容。婴儿从6个月左右尝试用双臂支撑起上半身，腹部着地，双手交替向前，肘关节着地带动身体移动，之后会双腿交替屈膝，借助脚的蹬力配合身体向前移动，这是最初的俯腹爬行的动作；7～8月龄能用双手和膝盖支撑起身体，逐渐协调左右交替向前爬行，进入手膝爬行阶段；随着身体骨骼生长和肌肉力量的增强，9～10月龄能撅起小屁股，双手和双脚着地互相配合向前移，进入手足爬行阶段。

照护要点：提供宽敞的场地引导婴幼儿练习爬行，前期可通过双手或者浴巾帮助婴幼儿慢慢感受爬行的动作；后期随着婴幼儿肌肉力量增强，利用感兴趣的玩具或场地布置逗引其练习爬行，促进大脑发育。

2. 站立

站立动作是学会行走的动作前提，是身体控制能力和平衡能力发展的重要节点。7～8月龄的婴幼儿上、下肢力量增强，开始不断拓宽自己的领域，依托成人或外界物体的力量，双腿用力由跪着慢慢站起来，到后期力量增强变成先站直一条腿，再站直另一条腿。9～10月龄的婴幼儿能依靠自己的力量扶着地面逐步站起来，这预示着即将进入行走的阶段。

照护要点：针对婴幼儿站立发展的不同阶段，应创设适宜的、安全的游戏场地，并提供稳固、适宜推扶的物体，辅助婴幼儿尝试探索站立；注意练习的时间逐步增长，待其稳定后可以增加难度，如拿玩具站起、站立后双手举起等动作，逐步提高身体平衡能力和控制能力。

3. 行走

婴幼儿掌握走的动作是其大动作发展的一个质的飞跃，表明其能够控制身体动作和平衡完成重心的交替转移，同时扩大了认知范围和探索空间，为后期各方面发展奠定坚实基础。婴幼儿独立行走时间有个体差异，一般是在10个月到2岁期间逐步掌握走的动作。刚开始，婴幼儿在成人辅助下感受左右脚交替迈步的动作，再地逐步过渡到能依托物体保持平衡来完成迈步动作，到最后逐步能够控制身体平衡自己来完成行走动作。

照护要点：提供适宜抓扶的环境促进婴幼儿掌握走的动作，如低矮的扶栏、圆角家具、小车等，在鼓励和陪伴中使婴幼儿逐步掌握左右脚交替迈步的动作，并且在走的过程中注意环境的安全。

（二）精细动作

6个月后，婴幼儿从使用全掌抓握逐步过渡到能用四指与拇指对握抓握物品，手眼协调能力逐步增强；能将手中的所有物品多次尝试后准确放到嘴里“尝一尝”；逐步出现双手协作的动作，能尝试左右手配合自己抱奶瓶喝奶了。随着五指的分化，手指小肌肉动作越来越灵活，能用双手来完成各种玩具和工具的操作，例如满把抓握笔涂鸦、使用勺子、翻书等。

照护要点：在地板运动中，照护者可给婴幼儿大小适宜的材料，在环境可控的地面练习抓握：满把抓（五指抓）、拇指四指对握、三指捏、二指捏，进行手指小肌肉的练习，增强手眼协调能力和使用工具的能力。

三、婴幼儿地板活动案例

婴幼儿地板活动可以从粗大动作和精细动作的核心动作出发，照护者应分析核心发展指标，给予阶梯递进的游戏指导，促进婴幼儿动作能力的发展，增进亲子关系。照护者可参考如表 6－3－1 所示游戏案例。

表 6－3－1 婴幼儿地板游戏“一二一，向前走”

项目	实施步骤
核心动作	双脚交替迈步走（12 ～ 18 个月）
核心发展指标	水平 1：初步感受交替迈步行走的动作； 水平 2：尝试迈步扶走
游戏名称	“一二一，向前走”
游戏目标	1. 让宝宝踩在成人脚上感受左右脚交替向前迈步的动作，在身体移动中尝试控制平衡； 2. 增强动作的协调性，感受行走过程中的乐趣
准备	1. 环境准备：室内干净、整洁、安全、空气新鲜，温度在 26℃左右，湿度在 50% 左右，准备一个平坦安全、软硬适宜的地垫，周围可以围上有固定装置的围栏； 2. 教具准备：播放器（用来播放走路主题的儿歌）； 3. 宝宝准备：宝宝情绪稳定，无饥饿、瞌睡等烦躁现象，无大小便，衣着适宜运动
操作	1. 游戏开始前，轻柔地告诉宝宝：“我们一起来做游戏，学习新本领了”； 2. 抱一抱宝宝，使其身心放松，并帮助宝宝按压身体及四肢，准备开始游戏； 3. 成人弯腰轻轻扶住宝宝腋下，让宝宝与成人面对面站立，双脚踩在成人脚面上，尝试慢慢地左右脚交替向前迈步走，让宝宝随着成人迈步而感受迈步动作，可附儿歌： 小脚爬上大脚背，好像大龟驮小龟。 一二一，一二一，慢慢悠悠把家回。 4. 根据宝宝的情况，当迈步动作比较熟练时，可扶住腋下引导其独自迈步。“宝贝走得真棒，小鸭子、小兔子都会自己走路了，宝贝也试试，我来扶住宝贝，我们勇敢向前走，小眼睛要看前面，小脚向前迈，一二一。”可附儿歌： 大手拉住宝宝手，好像大象拉小象。 一二一，一二一，慢慢悠悠把家回。
整理	1. 为宝宝擦汗，做全身的轻柔放松动作后为其穿戴好，休息； 2. 整理用物，擦干净地垫； 3. 洗手做记录

回应性照护要点

1. 安全检查

在婴幼儿玩耍运动前，对玩耍运动的环境、设备设施进行安全性检查。游戏以婴幼儿为中心，注意运动的强度和时间，观察其反应，确保健康安全。

2. 鼓励婴儿自主运动

提供安全可控的环境，鼓励婴幼儿自由探索和成长。如口唇期的婴幼儿喜欢用嘴来“认识”各种物品，要保证地面干净、玩具无毒，但要留心防止婴幼儿误食小玩具。可借助生活环境及物品，锻炼基本动作，如利用小行李箱练习“推小车走”。

3. 关注婴幼儿情感

游戏活动应当重视婴幼儿的情感变化，注重与婴幼儿面对面、一对一的交流互动，动静交替，合理搭配多种游戏类型。

任务四　婴幼儿户外游戏

情境导入

户外活动时间，保育师小张带着托小班宝宝来到小花园，她拿出小皮球想让宝宝一起玩。

照护者如何引导婴幼儿玩球？该如何组织婴幼儿户外游戏呢？

《托育机构保育指导大纲（试行）》“动作”的指导建议中指出：充分利用日光、空气、水等自然条件进行身体锻炼，保证充足的户外活动时间。《托儿所幼儿园卫生保健工作规范》中对一日生活中户外活动时间明确规定：保证儿童每日充足的户外活动时间。全日制儿童每日不少于 2 小时，寄宿制儿童不少于 3 小时，寒冷、炎热季节可酌情调整。

婴幼儿户外活动是通过游戏开展的，称为户外游戏。户外游戏是促进婴幼儿身心发展的重要途径，通过跑、钻、踢、跳、骑车等多种多样的运动锻炼，不仅能增强婴幼儿体质，促进身体素质的提升，还能增加婴幼儿参与运动的兴趣，促进与环境互动，亲近大自然。

一、婴幼儿户外游戏的准备

（一）场地准备

托育园室外活动场地人均面积不应小于 3m^2。地面应平整、防滑、无障碍、无尖锐突出物，并宜采用软质地坪。户外活动前要做安全检查，巡视整体场地，观察活动场地的地面是否平整，是否有尖锐物品；检查活动器械，发现器械险情，如木头腐坏、绳索断裂等，要及时维修或者更换。适合婴幼儿的户外场地要视野开阔、环境优美、空气清新，要有草地、沙池、土地等，摆放着丰富有趣的游戏材料。要对场地进行科学合理的规划，实现户外场地各区域的有效利用。

（二）物品准备

准备适宜的衣物。提前查询好天气状况，根据天气适当增减衣物，一般按照“比爸爸多穿一件”的原则来准备。除了婴幼儿身上的衣物，还要多带一套替换的衣服，应选择透气性良好、颜色偏浅、款式宽松的衣服。

要提前准备小零食、水果和水杯等，防止婴幼儿因饥饿或者口渴而哭闹。同时还需要准备户外清洁用品，如婴儿手口湿巾、纸巾、免洗手凝胶、儿童专用口罩、防蚊虫叮咬物品等。

（三）热身运动

结合儿歌、律动来做一些最基础的、运动量不大的游戏，活动身体各个部位，确保婴幼儿身体各个关节放松、灵活，避免运动伤害，也有利于婴幼儿运动注意力的集中。热身活动要循序渐进，科学安排，一般按照身体部位从上到下（例如由头部运动、胸部运动再到腿部运动等），内容由易到难，频率由慢到快，幅度由小到大，逐步递进做到全面活动。

二、婴幼儿户外游戏照护

户外游戏中的动作发展包含粗大动作和精细动作两方面，如图 6－4－1 所示。

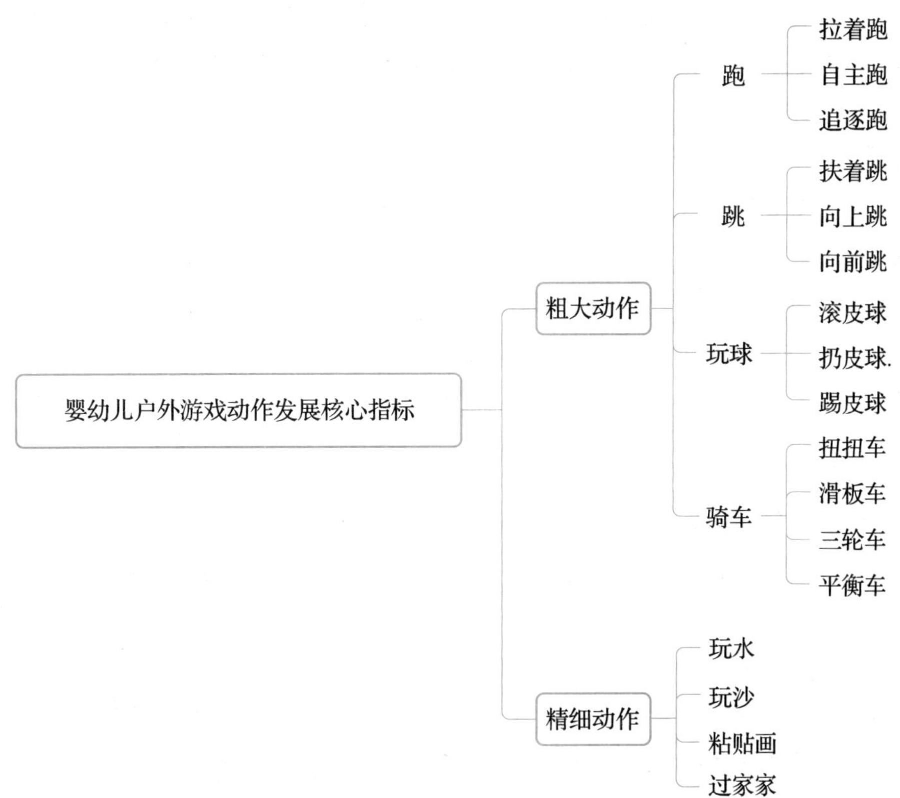

图 6－4－1　婴幼儿户外游戏动作发展核心指标示意图

（一）粗大动作

1. 跑

跑需要身体平衡能力交叉，容易摔倒。为了安全，成人可以拉住婴幼儿双手，在后退过程中引导宝宝向前跑，配合儿歌“呜呜咔嚓咔嚓，呜呜咔嚓咔嚓，我是小火车；呜呜咔嚓咔嚓，呜呜咔嚓咔嚓，带你去远方。”随着动作的熟练，可以尝试让婴幼儿自己向前跑，利用拉拽玩具在跑的时候发出响声，增加婴幼儿跑的乐趣，逐渐发展到追逐跑，这需要婴幼儿稳定、协调地完成跑的动作。先慢再快，注意安全。

2. 跳

跳跃动作需要比较强的腿部肌肉力量和身体的协调性，在户外游戏中可利用一些设施，如蹦床、低矮台阶、塑胶跑道、软硬适宜的地面开展跳的运动。18 个月左右的婴幼儿尝试脚离地向上跳，成人可以扶住其腋下，伴随儿歌或固定节奏的音乐来练习跳跃动作。同时利用悬挂高度适宜的玩具引导婴幼儿自己向上跳。后期尝试向前跳和连续向前跳，逐步掌握跳的动作。

3. 玩球

对于球类游戏，先从滚和扔的游戏开始，成人将球滚到婴幼儿脚下，引导他抱起球后，扶住婴幼儿双臂将球举过头顶向前抛。随着上肢力量增强，引导婴幼儿自己向前抛球，追上小球继续抛接游戏。19 个月左右可以尝试引导婴幼儿踢球，先示范基本动作引导婴幼儿模仿，感受踢的动作及重心的调整过程，后期可以近距离将脚下的球踢走，尝试踢球的快乐。

4. 骑车

根据婴幼儿实际情况选择适宜的儿童车，丰富户外游戏。

扭扭车是三轮设计，并且重心低，比较稳，适合 1 ～ 3 岁的婴幼儿；带座椅、可调节的滑板车适用于 18 个月～ 6 岁的婴幼儿，骑行中需要强有力的下肢力量以及身体平衡调节能力；三轮车适用于 2 ～ 4 岁的婴幼儿，锻炼腿部力量的同时协调全身动作；平衡车适用于 3 ～ 6 岁幼儿，在双脚蹬地向前滑行中，进一步锻炼平衡感知能力。

（二）精细动作

1 岁以后婴幼儿手部五指进一步分化，手指的灵活性和双手的协调性进一步增强。婴幼儿玩沙和玩水时，抓沙、舀沙、倒沙、拍水、舀水的过程中进一步丰富手部使用工具的精细动作。

引导婴幼儿观察、指认、收集一些自然材料，如花朵、树叶、石头等，协助婴幼儿在卡纸上摆出并粘贴成好看的各种造型，促进婴幼儿认知发展，培养审美能力。

2 ～ 3 岁的婴幼儿逐步玩象征性游戏，例如把树枝当作筷子，把树叶当作碗；你当爸爸，她是妈妈，开始“过家家”，洗衣、做饭、给娃娃喂饭、带娃娃打针，将日常生活的情景生动形象地再现到游戏中。

三、婴幼儿户外游戏案例

婴幼儿户外游戏重点要结合户外场地的特点开展粗大动作和精细动作的练习，在保证安全的前提下阶梯式递进，促进各项动作技能的提升，如游戏“花皮球”，由控制身体平衡抬腿踢到球，到逐步将球踢出，再到尝试踢到运动中的球，难度逐层递进。游戏“花皮球”的设计可参考表 6－4－1 所示方案。

表 6－4－1　婴幼儿户外游戏“花皮球”设计方案

项目	实施步骤
核心动作	踢球（宝宝 19 ～ 24 个月）
核心发展指标	水平 1：控制身体平衡，抬腿踢到球； 水平 2：将静止的球踢出去； 水平 3：尝试踢到运动中的球
游戏名称	花皮球
游戏目标	1. 逐步掌握踢球的动作，逐步提升腿部肌肉力量； 2. 感受和其他小朋友一起踢球的乐趣
准备	1. 环境准备：室外安全、宽敞、平坦的草地或塑胶操场； 2. 教具准备：皮球； 3. 宝宝准备：宝宝情绪稳定，无饥饿、瞌睡、烦躁现象，衣着适宜运动
操作	1. 热身律动，导入游戏。“请宝贝们跟着老师做热身操，伸展我们的小胳膊。” 小手拍拍，小手拍拍，像这样； 小脚跺跺，小脚跺跺，像这样； 转个圈圈，转个圈圈，像这样； 向上跳跳，向上跳跳，像这样； 再来一遍（重复一遍） 2. 拿出皮球，引导宝宝自己探索玩法。“今天我们请来的好朋友是谁呀？你愿意和它玩吗？” 3. 示范演示，掌握动作。一条腿轻轻抬起，瞄准皮球，腿向前伸，将皮球踢出去。 4. 动作升级，互相接球。与宝宝面对面站立，距离不要很远（根据宝宝的能力再逐步拉长距离），由成人踢球给宝宝，引导宝宝模仿动作将球踢回，在练习中逐步掌握基本动作。 5. 与其他小朋友一起踢球。
整理	1. 为宝宝擦干汗，及时补充水分，做全身放松后休息； 2. 及时擦干净小手，回去补充记录

回应性照护要点

1. 创造活动环境

在各个生活环节中，创造丰富的身体活动环境，确保活动环境和材料安全、卫生。

2. 利用自然条件

充分利用日光、空气和水等自然条件进行婴幼儿身体锻炼，玩放风筝、观察蚂蚁、建沙堡等游戏，保证充足的户外游戏时间。

3. 活动要丰富

安排类型丰富的活动和游戏，并保证每日婴幼儿有适宜强度、频次的大运动游戏。做好运动中的观察及照护，避免发生伤害。

4. 关注患病婴幼儿

处于急慢性疾病恢复期的婴幼儿应及时调整活动强度和时间；对于运动发育迟缓的婴幼儿，要给予针对性指导，及时转介。

任务五 婴幼儿出行照护

情境导入

秋高气爽，正是出行的好季节，A托育园保育人员准备组织孩子们和爸爸妈妈一起外出游玩，让宝宝近距离感受秋天的美景、亲近大自然。

婴幼儿出行该做哪些准备？如何进行照护？

《托育机构保育指导大纲（试行）》中建议：充分利用日光、空气和水等自然条件进行身体锻炼，保证充足的户外活动时间。支持婴幼儿主动探索、操作体验、互动交流和表达表现，丰富婴幼儿的直接经验。适宜的出行有助于婴幼儿动作、认知和情感等多方面的发展。家长和机构要做好相应计划和安全预案，给予婴幼儿更适宜的出行照护。

一、婴幼儿出行前准备

（一）路线规划

提前规划好出行的时间和路线，出行时间选择在温暖时段，避开上下班高峰期，冬季要考虑避开早晨和晚上气温相对较低的时候。新生儿通常不适宜出游，避免新生儿因为抵抗力弱而生病。1～3岁的幼儿也应选择较近的外出目的地，提高家长和幼儿的出

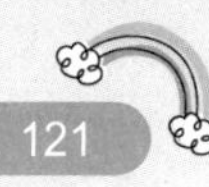

游体验。选择的目的地要视野开阔、环境优美、空气清新、安全有趣，满足婴幼儿的兴趣需要，但是要避开游览高峰期。可以去动物园、植物园、采摘园等，既有新鲜有趣的各种动植物等自然环境，又能提高婴幼儿适应新环境、认识新朋友的能力。

（二）物品准备

婴幼儿抵抗力差，容易受到环境变化的影响，准备出游物品时必须以安全为前提，遵循方便携带、宽备窄用的原则。应准备衣物（尿布）类、饮食类、洗漱类（如湿纸巾）、护肤类（防晒霜、护肤油）、睡具类、药品类（含防蚊液）、玩具类等物品，可制定清单以免遗漏。根据季节、气温选择适宜的衣物（包被）、鞋袜和帽子，注意保暖。准备背带兜（见图 6－5－1，使用不超过 2 小时）或腰凳（见图 6－5－2）、儿童推车作为辅助，在出行不便时供婴幼儿使用。

图 6－5－1　婴儿背带兜

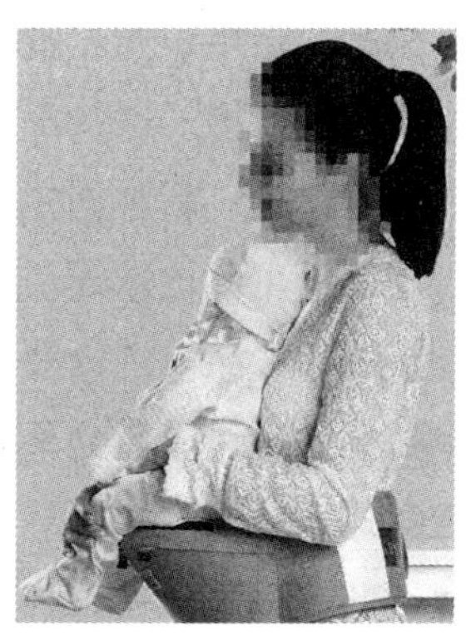
图 6－5－2　婴儿腰凳

具体物品也可以参考前面章节的户外游戏物品准备。

（三）交通准备

乘坐私家车时要让婴幼儿坐在后排的儿童安全座椅上，扣好安全带，不坐成人座椅和副驾驶座。随行成人要贴身照顾好婴幼儿，不让婴幼儿把头、手伸出车窗外。乘坐公共汽车时要看护好婴幼儿，防止摔倒和走失。照护者要对婴幼儿进行安全教育，要求他们在交通工具上，保持坐稳状态。

二、婴幼儿出行安全照护

（一）交通安全照护

婴幼儿出行乘坐交通工具时要做好“三看一系两准备”的安全防护。

1.“三看”

首先，乘坐交通工具要查看各类设施是否完好，童锁提前设置好，排除安全隐患；其次，要查看周围是否有不安全的细小物品，提前收纳；最后，要查看周围环境，婴幼儿不能离开成人视线单独行动，不在交通工具上乱跑。

2.“一系”

乘坐交通工具时一定要帮助婴幼儿坐到专用的座位上，系好安全带。普通汽车座椅和安全带是专门为成人设计的，不适合身材矮小的儿童。一旦发生碰撞，安全带会成为最危险的因素。因此，一定要根据年龄特点选择婴幼儿适宜的安全座椅。

3.“两准备”

乘车时将婴幼儿进餐和如厕的物品放在手边，方便婴幼儿因饥饿或者排便排尿而哭闹时及时进行照护；准备婴幼儿喜欢的玩具或绘本，避免长途旅行单调乏味引起烦躁哭闹。

（二）出行进餐照护

婴幼儿肠胃娇嫩，消化功能还不完善，因此外出游玩时一定要给予足够进餐环节的照护，需要注意以下几点：

（1）选择自己熟悉、正规、知名度较高的餐厅。注意观察餐厅整体卫生条件、厨房是否开放、评价是否比较高等，这些都可以从侧面反映餐厅的卫生状况。

（2）外出就餐应以清淡、新鲜为主。清淡食物有益于婴幼儿的身体健康，并利于品尝出原料本身是否新鲜。主食可选择易消化的疙瘩汤、粥、清淡的饺子、玉米、小馒头等，避免进食不常接触的食品。选择婴幼儿日常专用的奶瓶餐具及围兜，使用公筷或先把婴幼儿的饭菜单独夹出来，避免交叉感染。

（3）按时、定量进餐。提前安排好出游和进餐的时间，尽量做到和日常进餐时间一致，可随身携带婴幼儿的备用食品，防止婴幼儿因为过度饥饿、劳累影响食欲。

（三）出行游戏照护

婴幼儿探索欲和好奇心都较强，但自我保护意识及安全意识还没有形成。在外出游戏中，婴幼儿会接触到很多新鲜的事物和环境，成人一定要做好外出游戏中的照护。

（1）游玩中注意场地的安全防护，远离山道、河畔、水塘边缘，避免出现危险，要求婴幼儿不随便触摸不认识的动植物，避免感染。

（2）外出游戏注意运动量的把握，避免婴幼儿过度劳累，随时补充水分和食物，适当休息。

（3）游戏中防止婴幼儿走失，不离开视线范围，不放松警惕。

（4）游玩时可以结合当地风土人情，在过程中给予语言引导，预留充足的时间，鼓励婴幼儿尝试体验当地的各类游戏，丰富认知体验。

回应性照护要点

1. 精心照护

出行要以婴幼儿为中心，时刻观察婴幼儿的健康状况和情绪状态并给予照料，及时调整出行安排。

2. 满足婴幼儿探索欲

在保证安全的情况下，满足婴幼儿探索的欲望，在出行中利用丰富有趣的环境，给予婴幼儿认知、语言、动作、情绪情感、社会性等多方面的回应性刺激。

3. 游戏强度

出游中保证游戏的强度适宜、频次适宜。做好游玩中的观察及照护，避免发生伤害。

项目小结

通过本项目的学习，学生能根据不同婴幼儿的月龄选择适宜的运动游戏，并给予适宜的回应性照护。0～6月龄的婴儿，可帮助其做抚触操；7～12月龄的婴儿可做主被动操，并开展地板活动；1岁之后的婴幼儿能初步行走，可参加丰富多彩的户外运动游戏和一些需要精细动作参与的活动。婴幼儿运动游戏的设计、组织和实施必须熟练掌握婴幼儿月龄段发展水平，因地制宜、因人而异。

实践运用

1. 模拟实践：婴儿抚触、主被动操的操作

要求：于校内实训室，以智能（仿真）娃娃为对象，进行婴儿抚触、主被动操，实施回应性照护的模拟实践。

2. 课程实践：婴幼儿运动游戏的设计与实施

要求：为不同月龄的婴幼儿设计适宜的运动游戏，并撰写游戏方案。在校内实训室分组开展模拟活动。

3. 托育园实践：婴幼儿运动游戏的设计与实施

要求：学生在带教老师的指导下，根据不同班级婴幼儿情况调整游戏计划和方案，协助或独立带领婴幼儿游戏。

一、选择题

1.（单选）婴儿抚触的适宜时间是（　　）。

A. 洗澡前　　B. 洗澡后　　C. 喂奶后半小时　　D. 喂奶前半小时

2.（单选）适合0～6个月婴儿的运动游戏是（　　）。

A. 抚触操　　B. 主被动操　　C. 地板活动　　D. 户外游戏

3.（单选）专门为7～12个月婴儿设计的运动游戏有（　　）。

①抚触操　　②主被动操　　③地板游戏　　④户外游戏

A. ①②　　B. ①④　　C. ②③　　D. ③④

4.（单选）下列游戏中适合作为地板游戏的有（　　）。

A. 沙池建构　　B. 踩水坑　　C. 捡落叶　　D. 膝上童谣

5.（单选）下列游戏中适合作为户外游戏的有（　　）。

A. 抵足爬行　　B. 小球别跑　　C. 小手拍拍　　D. 膝上童谣

6.（多选）下列适合 8 月龄婴儿的动作游戏有（　　）。

A. 抓握玩具　　B. 跳格子　　C. 拨珠子　　D. 按一按

7.（多选）婴幼儿出行准备包括（　　）。

A. 路线规划　　B. 交通准备　　C. 物品准备　　D. 不必准备

二、判断题

1. 1 岁以前的婴儿听不懂语言，不需要进行亲子语言活动。（　　）

2. 某宝宝做主被动操不愿意配合时，保育师要引导他积极参与。（　　）

3.《托儿所幼儿园卫生保健工作规范》中卫生保健工作内容及要求中明确规定：保证儿童每日充足的户外活动时间，全日制儿童每日不少于 2 小时。（　　）

4. 在玩具干净无毒安全的情况下，允许 7 ～ 12 个月的婴儿啃咬玩具。（　　）

5. 户外游戏时让婴幼儿自己玩就可以了，保育师可以适当休息。（　　）

三、简答题

1. 简述婴儿抚触的价值。

2. 简述婴儿主被动操的操节步骤。

3. 简述婴幼儿地板活动的场地设置。

4. 简述婴幼儿户外游戏前的准备。

5. 简述婴幼儿出行的照护措施。

四、案例分析题

7 个月的多多长得胖乎乎的，非常壮实可爱。多多妈觉得她长得比同龄的宝宝大，可以提前带孩子练习走路，于是便准备了学步车。自从有了学步车，多多大部分时间都在学步车里玩耍，刚开始她还不适应，只能坐在学步车里，完全靠学步车支撑，慢慢地，多多学会了用脚蹬地行走。妈妈觉得学步车非常好，不仅能帮助多多练习行走，还令自己解放了双手。虽然学步车偶尔会倾倒，但只要在平坦的地方，有家长的保护，多多就能自己走来走去。在别的孩子还在爬的时候，多多在学步车的支撑下已经可以行走了，大家都觉得多多很棒。过了两个月，多多妈认为练习了这么久，孩子应该可以独立行走了。撤掉学步车后，多多走起来东倒西歪的，且没有力气，只能靠成人搀扶，妈妈还发现多多的双脚有些内八，双腿也站不直。

请从婴幼儿生长发育和家庭教养的角度，分析多多妈妈的照护行为是否恰当。

项目七 婴幼儿衣着照护

1. 了解婴幼儿衣着照护的内容，能叙述婴幼儿衣着照护的方法。
2. 能正确抱、放婴幼儿，能为婴幼儿选择合适的衣着并正确操作。
3. 在衣着照护过程中关心呵护婴幼儿，培养爱心、耐心和高度责任心。

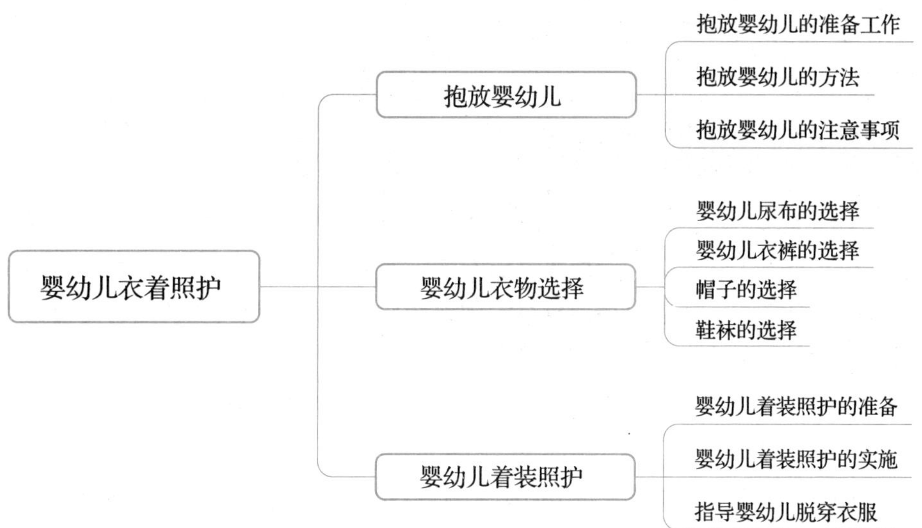

素养元素 关爱婴幼儿；医育结合；工作高度负责、精益求精的工匠精神

实施要点

1. 通过探究婴幼儿衣着照护的相关问题，践行关爱婴幼儿的理念，观察和敏锐识别婴幼儿行为和需求，给予婴幼儿安抚和衣着增减等及时照护。

2. 在婴幼儿衣着照护实践中，态度和蔼、动作轻柔，培养学生爱心、耐心、细心和责任心的职业品质与工作高度负责、精益求精的工匠精神。

学习建议

1. 请在学习本项目前回顾婴幼儿皮肤生理特点与保健。
2. 本项目内容操作性较强且贴近生活，要积极参与实践，如学习婴幼儿衣着照护的相关案例、用仿真娃娃实操练习。
3. 去托幼机构实习实训，理论联系实际，开展婴幼儿衣着照护实践。

任务一　抱放婴幼儿

情境导入

7个月的小贝躺在小床上自己吐泡泡玩呢，该抱宝宝起来喝奶了。面对“软软的”婴儿，该如何正确地抱、放呢？

一、抱放婴幼儿的准备工作

刚出生的婴儿头大且重、骨骼的胶质多，头颈部的肌肉力量较弱，难以支撑头部的重量。婴幼儿身体柔软娇嫩，若抱放方法不当，容易使其受伤或者发生意外，因此需引起照护者的充分重视。为避免在抱放过程中误伤婴幼儿，在抱放婴幼儿前需要做一定的准备工作：

（1）摘掉手部、腕部、耳部的多余首饰，防止误伤婴幼儿或因婴幼儿的抓握反射误伤照护者。

（2）修剪指甲，整理头发，防止因散乱的头发造成婴幼儿不适或者被婴幼儿抓到头发而误伤照护者。

（3）衣物清洁柔软、便于活动，前胸口避免有尖硬物或尖锐物，防止伤到婴幼儿。

（4）洗净并温暖双手，在抱、放过程中使婴幼儿感到舒适。

二、抱放婴幼儿的方法

随着月龄的增长，婴幼儿的骨骼、肌肉都随之发展。不同月龄的婴幼儿其身体发育状况不同，照护者抱、放婴幼儿的方式也有所不同，主要有横托抱、竖抱法、直抱法和坐抱法。

（一）横托抱

横托抱比较适合 0～3 月龄的小婴儿，这一时期婴儿头颈部肌肉力量较弱，抱婴儿时需要托好婴儿的头部、颈椎和后背。

1. 抱婴儿

（1）照护者面向婴儿，面带微笑，应先将身体先贴近婴儿，温柔地和婴儿说："宝宝，我们起来啦。"使婴儿做好心理准备。

（2）照护者双手托起婴儿的头部放于一侧手臂肘关节处，使其头躺进成人的臂弯里，同时手五指张开，护住婴儿的臀部、腿部。

（3）照护者的另一只手臂从婴儿身下滑过环抱婴儿，手托住婴儿的臀部、腰部，抱起婴儿后调整姿势，使婴儿的身体呈一条直线，同时让婴儿尽量贴近照护者的身体。

横托抱如图 7－1－1 所示。

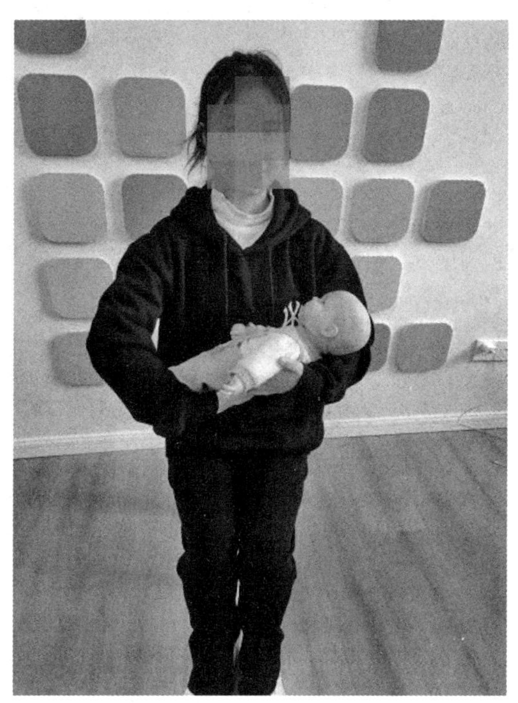

图 7－1－1　横托抱

2. 放婴儿

放下婴儿时，照护者面带微笑注视婴儿，温和地说："我们躺下来休息一下吧！"照护者身体前倾，用一只手托住婴儿的头，另一只手托住婴儿臀部，慢慢地放下，直到婴儿重心已经落到床上。

照护者先抽出托住臀部的手，用这只手去稍稍抬高婴儿的头部，再轻轻地抽出另一只手，把婴儿的头用双手轻轻地放在床上。不能让婴儿的头后垂先碰到床。在放下的过程中，手一直要安全地扶着婴儿的身体，动作要轻柔、平稳。

在抱起和放下婴儿的过程中，应始终注意支撑着他的头。

（二）竖抱法

竖抱法适合 3 个月以上的婴儿，这一时期的婴儿头颈部力量增强，认知有了一定发展，更想要看到不一样的世界。

1. 抱婴儿

（1）照护者面向婴儿，在将婴儿抱起之前，先将身体贴近婴儿，温柔地和婴儿说："宝宝，我们起来啦。"使婴儿做好心理准备。

（2）照护者双手轻轻托起婴儿的头颈部，一侧小臂从婴儿身下托起婴儿的头颈部，另一只手从婴儿头后侧滑至婴儿背部，照护者身体前倾抱起婴儿，使婴儿的头靠在成人一侧肩膀上，调整舒适的抱姿，并将婴儿的头转向外侧。

竖抱法如图 7－1－2 所示。

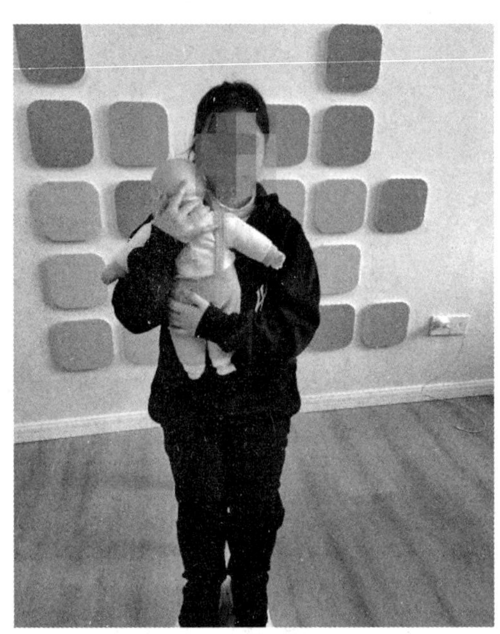

图 7－1－2　竖抱法

2. 放婴儿

放下婴儿时，照护者身体前倾，先放下婴儿臀部，抽出手臂后，双手托住婴儿头颈部，轻放后抽出双手。

（三）直抱法

5 个月以上的婴儿可用直抱法，婴儿面向前方，视野更加开阔，有利于婴儿认知和社会性的发展。

1. 抱婴儿

（1）照护者面带微笑，身体前倾，温柔地和婴儿说："宝宝，我们起来看看吧。"

双手虎口托住婴儿的腋窝，拇指和其余四指托起婴儿的胸背部，使婴儿以站姿面向照护者。

（2）双手让婴儿背靠照护者胸前，一只手扶着婴儿的胸腹部，另一只手扶着婴儿的腿部，将婴儿稳稳地抱在怀中。

直抱法如图 7－1－3 所示。

图 7－1－3　直抱法

2. 放婴儿

照护者双手虎口托住婴儿腋窝，使婴儿面向自己，以竖抱法抱住婴儿，然后身体前倾，先放婴儿的臀部，再用双手托住婴儿的头部轻轻放下后抽出双手。

（四）坐抱法

坐抱法同样适合 5 个月以上的婴儿，相比于直抱法，使用坐抱法照护者可以双手交替使用，减轻照护者的负担。

1. 抱婴儿

（1）照护者面带微笑，身体前倾，温柔地和婴儿说："我们起来看看吧。"双手虎口托住婴儿的腋窝，拇指和其余四指托起婴儿的胸背部，使婴儿以站姿面向照护者。

（2）双手让婴儿背靠照护者胸前，一只手扶着婴儿的胸腹部，另一手托起婴儿的下肢。

坐抱法如图 7－1－4 所示。

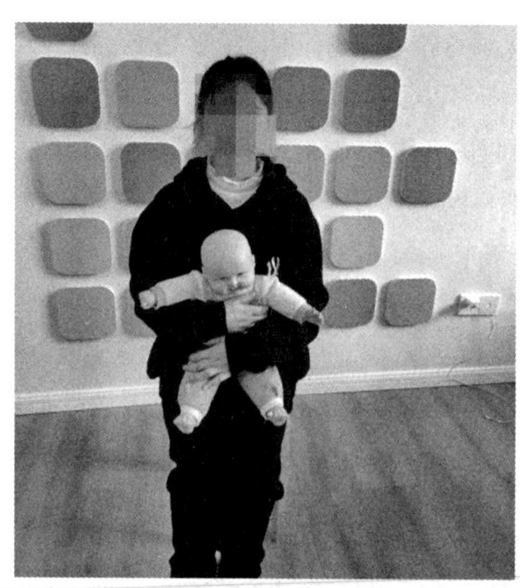

图 7－1－4　坐抱法

2. 放婴儿

照护者双手虎口托住婴儿腋窝，使婴儿面向自己，以竖抱法抱住婴儿，然后身体前倾，先放婴儿的臀部，再用双手托住婴儿的头部轻轻放下后抽出双手。

三、抱放婴幼儿的注意事项

第一次抱婴幼儿的时候不要紧张，必须托住婴幼儿的头、颈、背部、臀部，防止头下垂，动作轻柔，不快速、不突然。

抱放婴幼儿的过程中还有很多小技巧需要注意：

（1）0～3 个月的婴儿，颈部力量很弱，照护者抱起和放下婴儿的过程中，要始终注意扶着婴儿的头颈部；6 个月以上的婴幼儿头颈部力量增强，可以变换多种抱姿，以舒适为主。

（2）放下婴幼儿时，最安全、稳妥的方式是使婴儿背部向下，仰躺在床上。根据婴幼儿情况调整体位，原则为头高脚低。

（3）抱、放婴幼儿应动作轻柔，保持与婴儿的情感交流和回应。

（4）抱、放婴幼儿时，尽量使婴幼儿的视野开阔，有助于婴幼儿视力和认知能力的发展。

回应性照护要点

“四心”投入，积极回应

照护者要关爱婴幼儿，抱放婴幼儿的过程中要与婴幼儿有语言的交流，同时始终微笑地注视婴幼儿的眼睛，与婴幼儿进行情感交流，保持良好的互动。即使婴幼儿哭闹时，照护者也要有爱心，耐心地用语言、抚摸、轻摇等方式来安抚婴

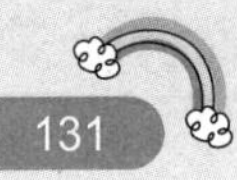

幼儿，要让婴幼儿相信照护者的怀抱是温暖、舒适的港湾。初学者抱、放婴幼儿要注意观察婴幼儿的反应，随时调整抱姿，让他感到安全、舒适。

任务二 婴幼儿衣物选择

情境导入

宝宝长得快，衣着更新也快，面对琳琅满目、不同款式、不同面料的婴幼儿衣服，如何为婴幼儿选择合适的衣物呢？

婴幼儿皮肤娇嫩，防御功能差，容易因摩擦导致皮肤受损。婴幼儿皮肤中的胶原纤维少、缺乏弹性，易被外物渗透，容易受到细菌感染和发生过敏反应。为了更好地保护婴幼儿的皮肤，给他们选择衣物时一定要注意，不能因为衣着问题让婴幼儿健康受到威胁。婴幼儿的衣物包括必需的服装和配饰，如衣裤、帽子和鞋袜。基于婴幼儿是最“柔软”的群体，除了符合国家质量标准外，婴幼儿衣物还要保暖、美观，选择时最重要的是要求安全、舒适和方便。

安全：面料等符合或超过国家标准。

舒适：大小与宽松适度、面料柔软、吸湿透气、款式大方、有童趣。

方便：便于穿脱、运动及清洗。

一、婴幼儿尿布的选择

目前使用最多的尿布是棉布（纱布）尿布和一次性纸尿裤。选择婴幼儿尿布要遵循安全、舒适和方便的原则。购买或自制棉布尿布，要选择浅色、柔软、吸水、耐洗的棉织品或医用纱布，保证卫生。男宝尿布前方较厚、女宝尿布后方较厚，折叠成长方形或三角形。棉布尿布的优点是经济实惠、透气性更佳，但需要清洗、携带不方便。可以给婴幼儿购买大小厚度合适、柔软透气、吸水性强的纸尿裤，随着婴幼儿成长更换大小号。纸尿裤的优点是携带方便，但花费较高、透气性较差。因此，建议将二者综合使用，白天多使用棉布尿布，晚上使用纸尿裤，婴幼儿睡眠更安稳。

市面上常见的纸尿裤主要有两种类型，腰贴式纸尿裤和拉拉裤（见图 7-2-1）。其中，腰贴式纸尿裤腰部没有弹力，靠两侧的粘贴固定，更适合 1 岁内的婴儿。拉拉裤适合学步儿。一岁以后婴幼儿运动量增加，尤其是开始学走路以后，纸尿裤容易滑落或影响婴幼儿腿部活动，而腰部有弹性的拉拉裤更适合这一时期的婴幼儿。

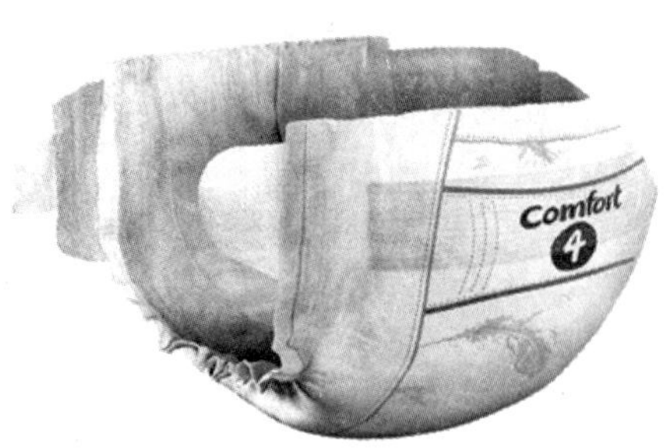

图 7－2－1　腰贴式纸尿裤和拉拉裤

二、婴幼儿衣裤的选择

婴幼儿衣裤在款式上应选择简洁、方便、安全、大小适度、松紧适当、容易穿脱的。

面料：婴幼儿的代谢旺盛，出汗多，皮脂腺分泌多。因此，衣服首选柔软、吸水性好、透气性强且对皮肤无刺激性的纯棉布或棉织品面料，且缝合处不能太硬。冬季寒冷可选择棉毛、棉绒混织品，增强保暖；夏装可选用纱布、薄布等制成的衣物，凉爽透气。不能选择化纤织品、丝织品和毛织品。化纤织物对皮肤刺激性较大，易诱发婴幼儿过敏和湿疹。丝、毛中含有蛋白质成分，易使过敏体质的婴幼儿出现湿疹。婴幼儿的外衣面料最好也是棉织品，这样抱婴儿时能使婴儿感到舒服，不擦伤婴儿娇嫩的皮肤。较大婴幼儿的外衣面料可以有多种选择，以舒适、结实、易洗为主。

颜色：婴幼儿衣裤应选择白色、浅色、单色、不褪色的，没有印花或少印花的为好。颜色鲜艳的布料上有较多的染料、染色助剂、铅及甲醛等化学物质，对婴幼儿皮肤有不良刺激。

（一）上衣的选择

婴幼儿脖子短，上衣要选择圆领、翻领的。衣服上少装饰物，扣子光滑无棱角，不要有硬的装饰物、绳子或纽扣，更不能使用别针。不宜选择带抽绳的连帽衫（抽绳很容易缠住婴幼儿的四肢或脖子），以免发生窒息危险。

新生儿～3 个月：可选无领、斜襟、系带的和尚服，在腹前或腋下系布带，后襟应比前襟短，以免尿便污染和浸湿。下身可穿连腿套裤，用松紧搭扣与上衣相连，便于更换尿布，同时避免换尿布时下肢受凉。

4～9 个月：婴儿开始会翻身、爬行，活动量增大。可穿宽松带背心的连脚开裆裤，这种衣裤具有保暖、便于运动、不束缚胸腹呼吸等优点。

10 个月以上：婴儿开始扶站、扶走、独走，活动范围扩大。这时衣服的大小、长短要注意合体，裤腿、衣袖不宜过长，以便于活动。最好不要选择开裆裤，不卫生、不安全、不保暖，容易引起细菌感染。

（二）裤子的选择

婴幼儿的裤子最好是松紧的束腰裤，也可以是背带裤。松紧带的裤子便于婴幼儿穿脱，应注意带子的松紧程度，避免过紧，以保证婴幼儿腰腹部血液循环的畅通；冬季将内衣塞入裤子中，预防腹部受凉。穿背带裤的婴幼儿，照护者要多关注背带的安全，调整背带的长短，以免影响婴幼儿躯干的生长。婴幼儿裤腿的长短和宽窄应适中，过长或过宽的裤腿都会影响婴幼儿活动，有时还会带来危险。男宝裤子前开口不要有拉链，以防夹住生殖器。

资料链接

购买婴幼儿新衣服须知

《国家纺织产品基本安全技术规范》中把纺织产品分为三类，并要求生产商在产品的吊牌上标明产品的安全类别，以便消费者更好地识别。具体为：

A 类：婴幼儿用品。即年龄在 24 个月以内的婴幼儿使用的纺织产品。

B 类：直接接触皮肤的产品。即在穿着时，产品会与人体皮肤有大面积接触的纺织产品。

C 类：非直接接触皮肤的产品。即在穿着时，产品不直接与人体皮肤接触，或仅有小部分面积直接与人体皮肤接触的纺织产品。

选购婴幼儿衣物，首先要选择正规厂家生产的 A 类产品，再查看衣物上是否标明安全类别，并且要尽量选择一等品，以保证婴幼儿衣物的安全性。

婴幼儿发育迅速，有些父母喜欢给婴幼儿买偏大号的衣物。偏大的衣物影响活动、保温性不强。保育人员要提醒家长，尽量给婴幼儿穿合适的衣物，这样他们才能舒服。

适合婴幼儿的衣裤包括和尚服（新生儿服）、蝴蝶衣、包屁（股）哈衣、连体服、分体上下装。要有外衣、睡衣之分。

婴幼儿衣物买回来后，应先充分洗涤干净、晾晒后再穿。用少量的白醋或者 2～3 小勺的食用盐去除织物中的脏物和残留的游离甲醛（衣物如果有刺鼻气味，甲醛残留超标不能给婴幼儿穿着）。清洗时，要选用婴幼儿专用的、温和的洗衣液或肥皂，保证对皮肤无刺激，无副作用。

三、帽子的选择

婴幼儿帽子有保暖、防暑、防尘、保护头部以及外观装饰的功能。婴幼儿的头部柔嫩，对气候变化的适应能力差，要选择质地轻盈、手感柔软、保温透气的帽子。帽子不能过重、过硬，舒适感差，这会压迫脑神经发育。婴幼儿帽子最好选择无帽檐的，以便母亲搂抱和哺乳。同时应根据季节选择，冬季气温低，应选择保暖、御寒性能好的帽子，如棉帽、绒帽等，以便保护脸颊和耳朵；春秋季可选用针织帽等；夏季可选用面料轻薄、浅色、能遮阳的帽子。

四、鞋袜的选择

（一）袜子

根据婴幼儿动作发展，一般是 1 岁后的婴幼儿才穿鞋，选好袜子很有必要。小婴儿穿袜子是为了保护足部和保暖。遵循安全、舒适和方便的要求，应给婴幼儿穿上棉袜，款式、尺寸要符合孩子的脚型。

根据季节、天气、环境和个体差异决定要不要给婴幼儿穿袜子。襁褓里的小婴儿不需要穿袜子，只有一些新出生和体质弱的小婴儿，身体的体温调节功能还没有完全发育好，才要穿袜子。冬季寒冷婴幼儿要穿厚棉袜，春秋穿薄袜子，袜腰适当宽松些，袜子里面不要有线头。舒适安全的环境里，学步儿光脚或者穿着袜子走路是健康、舒服的。外出时婴幼儿要穿上袜子，空调房里也要给婴幼儿穿上薄袜。

（二）鞋子

婴幼儿的足部皮肤薄嫩，保护机能差，肌肉和韧带较柔嫩、松弛，足弓不牢、足骨尚未骨化，易变形。婴幼儿穿的鞋应大小适中、软硬适度，轻便、舒适、透气性好，鞋的样式要简单、宽头，婴幼儿脚趾能活动；鞋的大小以在后跟处能伸进一个手指为宜，还要考虑不同宝宝脚的胖瘦不同，鞋跟高以 1cm 左右为宜；鞋底应较柔软且富有弹性，并具备防滑的特点，这样有利于婴幼儿的运动。如果婴幼儿所穿的鞋不舒适，则会使婴幼儿的足部肌肉松弛、足弓塌陷、足骨变形，甚至引起骨盆的变形。

婴幼儿宜穿布鞋、运动鞋，最好不穿皮鞋。皮鞋弹性差，伸缩性小，鞋帮和鞋底较硬，易压迫足部血管和神经，影响婴幼儿足底、足趾的发育，造成血液循环障碍，冬季易生冻疮，还会磨破足部皮肤。较小婴儿的鞋带最好使用尼龙扣或松紧带，较大的婴幼儿可穿系带的鞋，鞋带不宜过长。夏季穿的凉鞋应特别注意其舒适性和安全性，避免婴幼儿脚面皮肤受磨、脚底起泡、挫伤脚趾等现象出现。

任务三 婴幼儿着装照护

情境导入

托大班有些婴幼儿会自己穿脱衣服了（开衫）。保育师给班上还不会穿脱衣服的婴幼儿做了示范，再让他们自己练习穿脱衣服。

如何指导婴幼儿穿脱衣服？

婴幼儿自理能力尚未发展，需要成人照护着装，2 岁后婴幼儿可以学习自主穿脱衣服等。婴幼儿正在长身体，新陈代谢很旺盛，因此贴身衣物最好每天一换。特别是在冬天，有些家长认为孩子不会出汗，贴身衣物没有必要每天一换，这种观点是错误的。时刻使衣物保持干净舒爽，对婴幼儿的健康更加有利。

一、婴幼儿着装照护的准备

（一）环境准备

在温暖舒适、干净整洁的场所（一般是小床、尿布台、小桌上、地板等）；照护者保护婴幼儿防摔伤（具体参考婴幼儿居室环境要求）。

（二）人员准备

照护者着装整齐、方便活动、清洁双手、心情愉悦。

婴幼儿清醒、情绪稳定，无不适表现。如果哭闹，说明婴幼儿可能有着装照护的需要，如尿布湿了。

（三）物品准备

婴幼儿着装照护所需要的物品：包被、尿布或纸尿裤、柔湿巾、温水、换洗的干净衣服等。

二、婴幼儿着装照护的实施

（一）包裹婴儿的方法

包裹婴儿的方法，如图 7-3-1 所示。

图 7-3-1　包裹婴儿的方法

（1）将四方形的包被（或大毛巾）铺在平坦的地方，反折一个角（约 15cm）。

（2）将换好纸尿裤的婴儿仰面对角式地放在包被上，头颈部枕在折叠的位置。

（3）把靠近婴儿左手一角的包被往右边拉起来盖住婴儿身体，注意不要盖住右手。

（4）将包被的下角往上折叠回来盖到婴儿身上，留出婴儿双脚活动空间（以一手掌为宜）。

（5）将另一侧包被包着肩膀折向对侧，并把包被尖角压在婴儿身下。

回应性照护要点

1. 勤交流

包裹婴儿前，照护者可以和婴儿打招呼、沟通，如温柔地说："宝宝，我们来包被了了。"让婴儿有个心理准备。照护者应面带微笑、态度温和、动作轻柔。

2. 状态放松

包裹婴儿不要过紧，婴儿双下肢应处于自然放松弯曲状态（属于正常状态），不能拉直捆绑，否则会导致血液循环不畅，影响婴儿的生长发育。

（二）更换尿布的方法

以纸尿裤（拉拉裤）为例，婴儿 2 ～ 3 小时更换一次纸尿裤，每次更换纸尿裤（拉拉裤）最好在喂奶前或者婴儿清醒后，每次大便之后也要及时更换纸尿裤（拉拉裤），以避免生尿布疹。

1. 更换纸尿裤

准备一盆清水（水温控制在 38℃～ 42℃）、干净的纸尿裤、隔尿垫 / 护理巾、棉柔巾、纸巾（或擦屁巾）、护臀膏等。操作步骤如下：

（1）使用纸尿裤前，先清洁婴儿臀部。

（2）抱婴儿仰卧，打开纸尿裤有腰贴部分垫于臀下，再将前半段折于肚前。

（3）拉伸弹性腰围腰贴，照着正面的图标刻度粘上。

（4）腰部松紧度以能插入成人的一根手指为宜。

（5）适当调整臀部和腿部褶边，防止后漏和侧漏（见图 7－3－2）。

2. 更换拉拉裤

拉拉裤的更换方法与更换纸尿裤类似，在婴幼儿会站以后也可站着更换。

（1）照护者清洁、温暖双手后，走到婴幼儿面前，温柔地说："我发现宝宝的拉拉裤该换了，我们去换个干净的拉拉裤吧！"带婴幼儿至尿布更换处。

（2）婴幼儿躺下后，照护者目光温和地注视婴幼儿说："宝宝躺下，现在我们来换一下拉拉裤，我们要先把拉拉裤打开。"照护者从婴幼儿腿侧将拉拉裤侧面缝线处由上至下撕开。

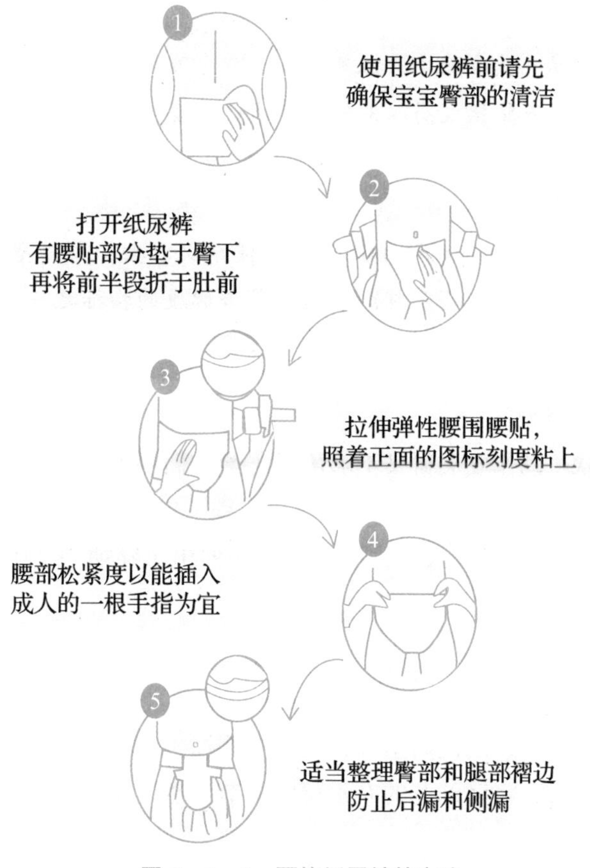

图 7－3－2　更换纸尿裤的方法

（3）照护者温柔地同婴幼儿说："接下来，我们要把小屁股擦干净。"用湿纸巾或棉柔巾、纱布巾蘸温水擦拭会阴及肛门周围后，用纸巾或纱布巾蘸干水。

（4）照护者取出新的拉拉裤，展示给婴幼儿看："我们要换一个干净的拉拉裤。"将手从拉拉裤的下方伸入，使婴幼儿的腿穿过裤孔，将拉拉裤提到肚脐下方，确认腰部和腿部周围平整。

如果婴幼儿会站、会走以后不愿意躺着换拉拉裤，可以让婴幼儿扶着小椅子或者照护者的大腿，将拉拉裤从腰部撑开先穿宝宝一条腿，再穿另一条腿。脱掉拉拉裤时直接从两侧的缝线处，由上至下撕开即可。

回应性照护要点

1. 勤交流

给婴幼儿换纸尿裤前照护者应和婴幼儿打招呼、沟通，如"宝宝，我们来换纸尿裤了"，让婴幼儿有心理准备。照护者应面带微笑、态度和蔼、动作轻柔。结束后可说："宝宝，小屁股干干的，舒服吗？"（尤其不能嫌弃婴幼儿的大小便。）勤换尿布，有助于培养婴幼儿爱清洁的习惯。

2. 注意细节

不要单独把婴幼儿放在床上或尿布台上，以免发生危险；更换尿布时，稍稍抬高婴幼儿的腿即可，不要抬太高以免伤到脊椎；给婴幼儿清洗臀部时，女宝要从前往后清洗和擦拭，男宝应从上往下冲洗或擦拭，注意隐蔽处、大腿根要清洗干净。

3. 注意观察大小便

更换尿布时，要注意观察婴幼儿的大小便情况。大小便是婴幼儿身体健康的“晴雨表”，大小便的正常与否是判断婴幼儿是否健康的指标之一。

（三）穿脱开衫的方法

婴幼儿身体柔软，动作发展得又不够协调，给他们穿脱衣服有一定的难度，必须注意方法，避免伤害。给婴幼儿穿脱衣服的整个过程一定要注意保暖，以免婴幼儿着凉。12 个月后婴幼儿开始有穿脱衣服的协同动作，如伸出手穿袖子，照护者要多鼓励他们配合。

1. 穿开衫

（1）婴幼儿平躺在床上，或坐在床上 / 成人的腿上。

（2）穿右袖。分清开衫的前后里外，先穿右侧袖子，将袖口收捏在一起，卷成圆圈状。一手从袖圈中穿过，将婴幼儿的右手臂肘关节自然弯曲，轻轻拉伸到衣袖中。将一侧穿好的衣服拉平，托起婴幼儿，将衣服塞入背部。

（3）穿左袖。使用同样的方法穿左侧衣袖，穿好后将上衣拉平，系好带子，或依次由上往下扣好扣子。

2. 脱开衫

（1）从上往下解开所有扣子。

（2）脱左袖。一只手握住婴幼儿的左手臂肘关节，稍微弯曲后，另一只手轻轻拽住袖口，拉出婴幼儿手臂。

（3）脱右袖。使用同样的方法脱另一侧袖子。脱完后，一只手掌应放在婴幼儿头颈部和背部之间，托起婴幼儿，另一只手则将衣服从婴幼儿的背部下面拉出来，将衣服完全脱下。

（四）穿脱套头衫的方法

套头衫适合 1 岁以后较大的婴幼儿，应给婴幼儿选择领口较大或领口处有按扣的套头衫。

1. 穿套头衫

（1）婴幼儿坐在床上 / 成人的腿上。

（2）套头。分清套头衫的前后里外，把衣服沿着领口折叠成圆圈状，用手指从中间伸进去把领口撑开，让婴幼儿的头稍微抬起，轻轻地套进去。照护者要一边操作，

一边和婴幼儿说话，分散他的注意力，以避免婴幼儿因套头时被遮住视线产生恐惧心理。

（3）穿袖子。先穿右侧袖子，将袖子沿袖口折叠成圆圈形，照护者一只手放到袖子里撑开袖子，另一只手把婴幼儿的手带到袖中，顺势把衣袖套在婴幼儿的手臂上。用同样的方法穿上另一只袖子，穿上后把衣服往下拉到手臂以下（要注意：拉衣服而不是婴幼儿的胳膊），最后整理平整。

2. 脱套头衫

（1）脱袖子。将衣服卷到胸部，照护者一只手轻轻地抓住婴幼儿的手肘，另一只手抓住衣服袖口，将手臂轻轻从袖中拉出。

（2）钻脱领口。用手撑住领口，从前面穿过婴幼儿的鼻子、前额，再穿过头的后部脱下衣服，注意不要勒到婴幼儿的脖子和耳朵。

资料链接

怎样判断婴幼儿穿着冷暖合适

婴幼儿不能穿太多，也不能穿太少，可以从以下几个方面判断：

脸：若婴儿出现红红的苹果脸，就表示穿得太多了，应适当为婴幼儿减少一些衣服。

四肢：摸摸婴幼儿的手，看是否太冷或太热，手很冰冷考虑穿得过少；手心太热应先查看婴幼儿身体各部位有没有开始出汗，再根据实际状况增减衣物。

体温：由于婴幼儿体温调节中枢发育不完全，穿得太多会出现体温上升；穿得太少会出现体温下降甚至寒战。可以用手摸婴幼儿后脖颈的温度，如果温暖且不出汗，就说明穿得很合适。

（五）穿脱裤子的方法

1. 穿裤子

（1）进裤腿。辨认裤子的前后，一只手从裤脚处伸入裤腿，将裤腿从裤脚折卷至裆部，并用五指尽量撑开；另一只手握住婴幼儿的脚腕轻轻地伸进裤腿，把裤子往上提，并用同样方法穿上另一条裤腿。

（2）拉裤腰。穿好两条裤腿后，两只手分别抓住裤腰的两侧，托起婴幼儿的臀部，把裤腰背面向上拉至腰部，把裤腰正面向上拉至肚脐以上。注意整理裤裆的位置，以免裤裆过紧，调整后把裤腿拉直。

2. 脱裤子

（1）拉裤腰。将婴幼儿的双腿提起一点，一只手握住婴幼儿的双脚，另一只手则拉住婴幼儿的裤腰，将裤子拉到臀部。

（2）脱裤腿。一只手从上面伸进婴幼儿的裤腿，握住婴幼儿的足踝，顺势稍稍弯曲膝部，另一只手拉裤腿（不是拉脚）将其脱下。再用同样的方法脱下另一侧裤腿。

（六）穿脱连体衣的方法

1. 穿连体衣

（1）解开衣服纽扣或带子将衣服平铺在台面上，婴儿平躺在衣服上，脖子对准衣领的位置。

（2）抬起婴儿的一只手臂弯曲肘关节伸入一侧袖子中，再将小手拉出，同法穿另一侧袖子。

（3）一只手弯曲婴儿的膝关节将一侧小脚伸入裤腿中，另一只手伸入裤腿拉住婴儿的脚踝将其拉出裤腿，同法穿另一只裤腿。

（4）整理衣服，系好纽扣或带子。

2. 脱连体衣

（1）将婴儿平放在台面上，解开纽扣或带子。

（2）一只手拉出婴儿的肘关节，另一只手拉住袖子将小手拉出，同法脱出另一只袖子。

（3）将婴儿侧翻，拉下连体衣，再轻轻拉出婴儿双腿。

回应性照护要点

1. 语言沟通

穿脱衣裤前，照护者面带微笑、态度和蔼、动作轻柔，和婴幼儿打招呼、沟通，如“宝宝，我们来穿（脱）衣服了。”让婴幼儿有心理准备，观察婴幼儿的穿着反应，并根据需要加以调整。

2. 注意舒适度

先穿上衣再穿下衣、先穿内衣后穿外衣，注意别碰到婴幼儿的前额及鼻子，造成婴幼儿不适。照护过程中应发挥婴幼儿主动性，引导他们参与穿脱衣服。如照护者先把衣服套好，再让婴幼儿拉下来整理。

三、指导婴幼儿脱穿衣服

1 岁左右的婴幼儿喜欢自己脱衣服，会有“脱”的动作出现，这意味着教婴幼儿学习穿脱衣服的时机到了。《托育机构保育指导大纲（试行）》中建议 13 ～ 24 个月婴幼儿学习穿脱衣服。从动作难度看，脱衣服要比穿衣服容易，因此让婴幼儿先学习脱衣服再学习穿衣服。从脱袖子开始训练，接着再逐渐训练脱裤子或裙子及袜子、鞋子。夏季是婴幼儿学习脱穿衣服的好时机。尽量先从轻薄的开衫、套头衫、小短裤、袜子开始。短衣短裤，脱穿方便，让婴幼儿体验成功的乐趣，提高自理能力和自信心。夏天气温高，婴幼儿脱穿衣服慢一些也不会着凉。通过以下几种方法指导脱穿衣服：

（1）示范法：照护人员先分步示范穿脱衣服的方法，让婴幼儿模仿，提高自理能力。

（2）练习法：结合生活中的穿衣练习，或操作蒙特梭利教具衣饰架，家园合作，让婴幼儿有实践的机会。

（3）游戏法：运用有趣的游戏，如给娃娃穿衣服、扣纽扣，巩固婴幼儿穿脱衣服的技能。

（一）学习脱穿开衫

1. 学习脱开衫

（1）从上到下解开扣子，分开衣襟。

（2）将领子向后脱，再左右手交替拽住两只袖口往下拉。

2. 学习穿开衫

（1）穿开衫时提醒婴幼儿分清前后和里外，衣服的前襟朝外（领子上有标签的部分是衣服的后面，有兜的部分是衣服的前面；或者通过看图案的位置来辨别前后。有缝衣线的是衣服的里面，没有缝衣线的是衣服的外面）。

（2）两手抓住衣服的领子，将衣服从头上甩到背后，披在肩上。

（3）两只手分别从袖筒中伸出来，翻好衣领。

（4）系纽扣时，先把两侧门襟对齐，从最下面的纽扣系起，注意不要错位。

（5）检查领子是否翻好、扣子是否一对一系好。

（二）学习脱穿套头衫

1. 学习脱套头衫

双手交叉，分别捏住衣服两侧的下摆，向上提至腋下后，一只手拉住另一只袖口，将一只手臂脱出。再用同样的方法脱出另一只手臂，最后拉住衣领使头钻脱出来。

2. 学习穿套头衫

分清前后里外，先把头从领口钻出去，将衣服套在脖子上。再把胳膊分别伸到两边的袖口里，最后把衣服拉下来。

（三）学习脱穿裤子

1. 学习脱裤子

脱裤子时，双手将裤腰向下拉，两只手分别抓住两个裤腿往外面扯，同时把小脚往里缩，手脚同时用力，脱掉裤腿。

2. 学习穿裤子

辨别裤子的前后（可在裤子上做记号，或者借助图案识别），两只手抓住裤腰，先伸一条腿再伸另一条腿，两脚露出裤腿时站好将裤子提起。天气冷时，注意将上衣（内衣）塞进裤腰内。

资料链接

巧用儿歌、游戏，轻松穿衣裤

学习穿衣服对婴幼儿来说难免枯燥，可以借助有趣的游戏、朗朗上口的儿歌来辅助婴幼儿学习。照护者可念儿歌示范，边做边说，配合拟声（如小老鼠、火车），尽量让儿歌内容和自己的动作同步，让婴幼儿通过儿歌来记忆穿衣服的步骤，提高趣味性。

穿衣歌（一）——小老鼠

抓领子，盖房子。
小老鼠，钻洞子。
左钻钻，右钻钻。
吱吱吱，上房子。

穿衣歌（二）——钻山洞

抓住小领子，商标在外面，向后甩一甩，
捏紧袖口钻山洞，衣服穿好啦！

穿裤歌（一）——开火车

小宝宝，来穿裤，
就像火车钻山洞。
左脚钻进左山洞，
右脚钻进右山洞。
呜呜呜，呜呜呜，
两列火车进山洞。

穿裤歌（二）

找好前面小标记，一左一右穿进去。
抓紧裤腰前后提，裤缝对着小肚脐。

（四）学习脱穿鞋子

1. 学习脱鞋子

脱鞋子时，坐在小椅子上，用手压住脚后跟向下拉，脚从鞋子里拔出来。

2. 学习穿鞋子

给婴幼儿准备的鞋子最好是带粘扣的，方便穿脱。穿鞋子时，照护者帮忙先摆好鞋子的左右（婴幼儿难以区分左右），将鞋子合拢放在婴幼儿前边，提醒把脚塞到鞋子里，脚指头使劲儿朝前顶，再用手提鞋后跟，将鞋扣粘上。

回应性照护要点

1. 温情照护，争取婴幼儿的配合

照护者帮助婴幼儿穿脱衣服时一定要有爱心、耐心，动作轻柔，不要慌乱穿衣，动作幅度要小，以免对婴幼儿造成伤害。给予婴幼儿尊重，争取他们的配合。

2. 抓住契机，教婴幼儿学脱穿衣服

随着婴幼儿动作发展和自我意识萌发，会出现自主穿衣的意识，如常说“我来”，但动作不熟练、技能差，可能帮倒忙。照护者应“放手”，从易到难，给予婴幼儿锻炼的机会，不要因为婴幼儿做不好就包办。

项目总结

婴幼儿身娇体软，要正确抱放婴幼儿，让他感到舒服。婴幼儿皮肤薄嫩，渗透性强，选择婴幼儿衣服时要注意安全、舒适和穿脱方便。婴幼儿自理能力尚在发展，需要成人照护着装，照护者需要全面掌握婴幼儿着装照护的方法，并通过示范、练习和游戏等方法，引导婴幼儿逐渐学会自主穿脱衣服。

实践运用

1. 课程实践：婴幼儿衣着照护实训

内容：（1）抱放婴儿；（2）包裹婴儿；（3）给 7 ～ 12 个月婴儿换纸尿裤；（4）婴幼儿脱穿衣服（鞋袜）照护；（5）指导 2 ～ 3 岁婴幼儿脱穿衣服。

要求：学生在校内实训室模拟操作，过程应体现关爱婴幼儿，规范操作。

2. 托育园实践：某园婴幼儿衣着照护实践

要求：学生在保健医和班级保育师指导下，观摩并开展婴幼儿衣着照护实践，做好实习记录和总结。

一、选择题

1.（单选）横托抱比较适合哪个月龄的婴儿？（　　）

A. 0 ～ 3 个月　　B. 3 个月以上　　C. 5 个月以上　　D. 8 个月以上

2.（单选）竖抱法比较适合哪个月龄的婴儿？（　　）

A. 0 ～ 3 个月　　B. 3 个月以上　　C. 5 个月以上　　D. 8 个月以上

3.（单选）直抱法比较适合哪个月龄的婴儿？（　　）

A. 0～3个月　B. 3个月以上　C. 5个月以上　D. 8个月以上

4.（单选）坐抱法比较适合哪个月龄的婴儿？（　　）

A. 0～3个月　B. 3个月以上　C. 5个月以上　D. 8个月以上

5.（单选）婴儿一般多久换一次纸尿裤？（　　）

A. 2小时　B. 2.5小时　C. 3小时　D. 2～3小时

6.（单选）婴儿几个月开始有穿脱衣服的协同动作？（　　）

A. 3个月　B. 6个月　C. 9个月　D. 12个月

7.（单选）（　　）的婴幼儿喜欢自己脱衣服，会有“脱”的动作出现，这意味着教婴幼儿学穿脱衣服的时机到了。

A. 1岁左右　B. 1岁半左右　C. 2岁左右　D. 3岁左右

8.（多选）抱放婴儿的方法包括（　　）。

A. 横托抱　B. 竖抱法　C. 直抱法　D. 坐抱法

9.（多选）选择婴儿尿布应遵循的原则有（　　）。

A. 安全　B. 舒适　C. 方便　D. 便宜

二、判断题

1. 婴幼儿可以穿紧身衣裤。（　　）

2. 应给婴幼儿穿颜色鲜艳的衣服。（　　）

3. 婴幼儿的衣服上应少装饰物，扣子光滑无棱角，不要有硬的装饰物、绳子或纽扣，更不能使用别针。（　　）

4. 婴幼儿的帽子最好选择无帽檐的，以便母亲搂抱和哺乳。（　　）

5. 婴幼儿适合穿布鞋、运动鞋、皮鞋。（　　）

三、简答题

1. 简述婴幼儿衣裤的选择要求。

2. 简述婴幼儿着装照护的准备。

3. 简述指导婴幼儿脱穿衣服的方法。

四、案例分析题

1岁半的洋洋每天睡觉前都想自己脱衣服，不喜欢他人帮忙。作为保育员，你该如何指导洋洋脱穿衣服呢？

参考文献

［1］湖南金职伟业母婴护理有限公司 . 幼儿照护职业技能教材（中级）. 长沙：湖南科学技术出版社，2020.

［2］佘宇，张冰子，等 . 适宜开端——构建 0 ～ 3 岁婴幼儿早期发展服务体系研究 . 北京：中国发展出版社，2016.

［3］任刊库，李玮，李翩翩 .0 ～ 3 岁婴幼儿保育与教育 . 长沙：湖南师范大学出版社，2019.

［4］［美］埃莉诺・S. 邓肯 . 0 ～ 6 岁婴幼儿的护理与早期教育 . 林为龙，李大清译 . 北京：中国和平出版社，1987.

［5］滕巍，魏文君，彭美春 . 幼儿保健与护理 . 北京：中国人民大学出版社，2020.

［6］重庆市成人教育丛书编委会 . 婴幼儿照护 . 重庆：重庆大学出版社，2021.

［7］陈雅芳，曹桂莲 .0 ～ 3 岁儿童亲子活动设计与指导 . 上海：复旦大学出版社，2020.

［8］秦旭芳 .0 ～ 3 岁亲子教育活动指导与设计 . 北京：中国人民大学出版社，2021.

［9］陈雅芳，陈春梅 .0 ～ 3 岁儿童动作发展与训练 . 上海：复旦大学出版社，2018.

［10］郑琼 .0 ～ 3 岁婴幼儿亲子活动指导与设计 . 福州：福建人民出版社，2016.

［11］史明洁 . 婴幼儿营养、安全与卫生实务 . 南京：东南大学出版社，2020.

［12］陈敏，吴运芹，等 .0 ～ 3 岁婴幼儿护理与急救 . 上海：华东师范大学出版社，2018.

［13］鲍秀兰，等 .0 ～ 3 岁儿童最佳的人生开端 中国宝宝早期教育和潜能开发指南 . 北京：中国妇女出版社，2019.

［14］许琼华 . 幼儿生活护理与保健实务 . 北京：中国人民大学出版社，2020.

图书在版编目（CIP）数据

婴幼儿生活照护：配套实训工作手册 / 许琼华，杨小利主编. -- 北京：中国人民大学出版社，2023.4
新编 21 世纪职业教育精品教材
ISBN 978-7-300-31546-1

Ⅰ. ①婴… Ⅱ. ①许… ②杨… Ⅲ. ①婴幼儿－哺育－职业教育－教材 Ⅳ. ① TS976.31

中国国家版本馆 CIP 数据核字（2023）第 052330 号

新编 21 世纪职业教育精品教材
适用于婴幼儿照护类专业
婴幼儿生活照护（配套实训工作手册）
主　编　许琼华　杨小利
副主编　黄秋金　赵　艳　王宏霞　郭频鸽　王红莉
参　编　方　煜　黄碧凡　刘　益　谈婷婷　王晓斐　钟　桢
Yingyou’er Shenghuo Zhaohu

出版发行	中国人民大学出版社		
社　　址	北京中关村大街 31 号	**邮政编码**	100080
电　　话	010－62511242（总编室）		010－62511770（质管部）
	010－82501766（邮购部）		010－62514148（门市部）
	010－62515195（发行公司）		010－62515275（盗版举报）
网　　址	http://www.crup.com.cn		
经　　销	新华书店		
印　　刷	天津中印联印务有限公司		
开　　本	787 mm×1092 mm　1/16	**版　　次**	2023 年 4 月第 1 版
印　　张	15.75	**印　　次**	2024 年 2 月第 3 次印刷
字　　数	326 000	**定　　价**	49.00 元

版权所有　侵权必究　　　印装差错　负责调换

婴幼儿
生活照护实训工作手册

主　编／黄秋金　许琼华　黄碧凡

中国人民大学出版社
·北京·

前言

《婴幼儿生活照护实训工作手册》是根据婴幼儿托育服务与管理专业人才培养专业定位编写，与《婴幼儿生活照护（配套实训工作手册）》核心实操内容配套的实训教材。

婴幼儿是儿童成长的关键期，但其缺乏自主照护能力，所以婴幼儿生活照护必须科学、规范、细致，并且是全方位的。为了帮助大家更好地掌握主教材中介绍的婴幼儿生活照护方面的知识，了解婴幼儿照护的基本技能和应具备的基本素质，为以后的工作做好准备，编者根据主教材核心技能点编写了《婴幼儿生活照护实训工作手册》。

本手册根据婴幼儿生长发育特点，以及婴幼儿生活照护的重要知识和技能，合理设置内容，并突出实操性。全书分为七个项目，包括婴幼儿生活照护基础、婴幼儿饮食照护、婴幼儿饮水照护、婴幼儿清洁照护、婴幼儿睡眠照护、婴幼儿运动照护及婴幼儿衣着照护。每个项目根据主教材的重要知识和技能点设置了相应的任务（与主教材任务不完全对应），各任务包括实训任务、任务工单、任务实施及实施标准四部分内容。实训任务提出了该任务的教学或学习目标及需要掌握的技能。任务工单主要以表格的方式提出本任务的实训要求，让大家一目了然地了解需要掌握的技能，体现了任务驱动的理念，便于教师和学生进行实操。任务实施把各实操过程系统地呈现给大家，让大家在学习主教材的基础上梳理实训内容，同时起到前后呼应的作用（前一环节任务工单和后一环节实施标准相呼应）。实施标准参考行业标准，把标准细化为各个指标，并给出各指标的分值，有利于课前、课中、课后的反复实操练习。

本手册旨在让大家熟练掌握婴幼儿生活照护方面的技能技巧，为婴幼儿的健康成长保驾护航。本手册适合作为婴幼儿照护类专业学生的实训练习册，也可以作为婴幼儿照护行业的培训练习册。

编　者

目录

项目一 婴幼儿生活照护基础

任务一 婴幼儿生长发育监测指标

一、实训任务

能正确测量婴幼儿的身高、体重、头围和胸围。

二、任务工单

请测量婴幼儿的身高、体重、头围和胸围，将相关数据填入表中。

婴幼儿身高、体重、头围和胸围测量表

时间　　　　　　　　　　婴幼儿姓名　　　　　　　　　　月龄

维度	测量方法（具体实施要求）
身高	
体重	
头围	
胸围	

三、任务实施

（一）评估

（1）婴幼儿：空腹、排空大小便、情绪状态、心理状态。

（2）环境：干净、整洁、安全、温湿度适宜。

（3）照护者：着装整洁、剪指甲、洗手。

（4）物品：体重身高测量仪、软尺、签字笔、记录本、消毒剂。

（二）计划

（1）能正确完成婴幼儿的生长发育测量。

（2）能正确记录婴幼儿的生长发育数据。

（三）实施

（1）生长发育常用指标测量。

测量体重：叮嘱婴幼儿空腹、排便后，脱去衣裤、鞋袜进行称量。1～3岁婴幼儿用坐式杠杆称测量，读数精确到50g。称量时婴幼儿不可摇晃或接触其他物体，计算时应减除衣物的重量。

测量身高（长）：3岁以下婴幼儿用量板于卧位测身长，婴幼儿脱帽、鞋袜及外衣，仰卧于量板中线上。照护者将婴幼儿的头扶正，使其头顶接触头板，测量者一只手按直婴幼儿双膝，使其双下肢伸直并拢紧贴底板，另一只手移动足板使之紧贴足底，读数精确至0.1cm。

测头围：将软尺“0”点固定于婴幼儿头部一侧眉弓上缘，再将软尺紧贴头皮绕枕骨结节最高点及另一侧眉弓上缘回到“0”点，读数精确至0.1cm。

测胸围：测量胸围时婴幼儿取卧位或立位，婴幼儿两手自然平放或下垂，测量者一只手将软尺“0”点固定于婴幼儿一侧乳头下缘，另一只手将软尺紧贴皮肤，经两侧肩胛角下缘回到“0”点，取平静呼气和吸气时的平均值，读数精确至0.1cm。

测上臂围：婴幼儿双上肢自然平放或下垂，取左上臂肩峰至尺骨鹰嘴连线中点处，用软尺固定紧贴皮肤绕臂一周，读数精确至0.1cm。

（2）整理用物，洗手，记录。

（3）注意事项：

1）动作熟练，测量准确。

2）动作轻柔，保护婴幼儿，避免不必要的伤害。

3）及时与家属或监护者进行沟通，缓解焦虑情绪。

（四）评价

（1）是否能正确完成婴幼儿的生长发育测量。

（2）是否能正确记录婴幼儿的生长发育数据。

四、实施标准

婴幼儿生长发育指标监测考核标准

<table>
<tr><th colspan="2">操作内容</th><th>操作要点</th><th>分值</th><th>操作要求</th><th>扣分</th><th>得分</th><th>备注</th></tr>
<tr><td rowspan="4">评估
（10 分）</td><td>环境</td><td>干净、整洁、安全、温湿度适宜</td><td>2</td><td>未评估扣 2 分，不完整扣 1 分</td><td></td><td></td><td></td></tr>
<tr><td>照护者</td><td>着装整洁、剪指甲、洗手</td><td>1</td><td>不规范扣 1 分</td><td></td><td></td><td></td></tr>
<tr><td>物品</td><td>卧式身高测量床或身高测量尺、体重计、软尺（无伸缩性）、记录本、签字笔、消毒剂</td><td>5</td><td>错误或少一个扣 1 分，扣完 5 分为止</td><td></td><td></td><td></td></tr>
<tr><td>婴幼儿</td><td>进食 2 小时后排空大小便，取舒适体位，情绪状态及心理状态良好</td><td>2</td><td>未评估扣 2 分，不完整扣 1 分</td><td></td><td></td><td></td></tr>
<tr><td>计划
（2 分）</td><td>预期目标</td><td>正确测量并记录婴幼儿身高、体重、胸围和头围</td><td>2</td><td>未口述扣 2 分，口述不完整扣 1 分。</td><td></td><td></td><td></td></tr>
<tr><td rowspan="5">实施
（68 分）</td><td rowspan="5">身高测量</td><td>1. 口述：选择卧位为婴幼儿测量身高</td><td>1</td><td>未口述扣 1 分</td><td></td><td></td><td></td></tr>
<tr><td>2. 制作简易测量器：将皮尺平行于操作台长轴拉直，两端用胶布固定在操作台上，在皮尺的“0”刻度处垂直于皮尺放置一块木块充当头板，另一块木块与“头板”平行放于操作台另一端充当足板</td><td>4</td><td>皮尺未拉直或拉伸过度扣 1 分；未与操作台平行放置扣 1 分；“头板”未与皮尺垂直扣 1 分；未放于“0”刻度或整数刻度扣 1 分</td><td></td><td></td><td></td></tr>
<tr><td>3. 脱去婴幼儿帽子、厚实的外衣裤、鞋袜</td><td>1</td><td>口述和操作均未进行扣 1 分</td><td></td><td></td><td></td></tr>
<tr><td>4. 轻抱婴幼儿于操作台上，身体长轴平行于皮尺，固定婴幼儿头部，使其头顶接触“头板”，目光平视天花板</td><td>4</td><td>动作粗暴扣 4 分；身体长轴未平行于皮尺扣 2 分；头顶未接触“头板”扣 2 分；未口述“目光平视”扣 2 分，扣完为止</td><td></td><td></td><td></td></tr>
<tr><td>5. 双手将婴幼儿两腿内旋、两膝并拢，接着用一只手按直婴幼儿膝部，使下肢伸直紧贴操作台，另一手将“足板”始终垂直于皮尺移动至紧贴婴幼儿足跟</td><td>5</td><td>动作粗暴扣 5 分；婴幼儿下肢未伸直紧贴操作台扣 4 分；“足板”未垂直于皮尺移动扣 2 分；未移至紧贴婴幼儿足跟扣 2 分，扣完为止</td><td></td><td></td><td></td></tr>
</table>

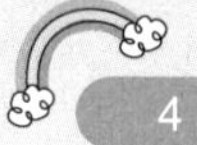

续表

操作内容		操作要点	分值	操作要求	扣分	得分	备注
		6. 保持视线与“足板”刻度在一条直线上，读数精确至 0.1cm	3	未精确至 0.1cm 扣 2 分，读数不规范扣 3 分			
	体重测量	1. 口述如何根据婴幼儿情况选择体重秤及测量方法	1	未口述扣 1 分			
		2. 铺毛巾于体重秤上，校零	2	未铺毛巾和未校零各扣 1 分			
		3. 脱去婴幼儿衣物、鞋袜或仅着单衣	2	口述和操作均未进行扣 2 分			
		4. 轻抱婴幼儿放于秤中央，口述体位，或指导家长抱着宝宝轻上轻下平稳立于秤中央	4	动作粗暴扣 4 分，欠标准扣 2 分，未口述扣 3 分			
		5. 婴幼儿或家长不摇晃，身体不接触其他物品	3	显示未稳定或测量对象接触物品时读数扣 3 分			
		6. 显示稳定后读数并记录	3	操作缺失扣 1 分			
	胸围测量	1. 口述：婴幼儿取坐位或平卧位，双手自然下垂或平放，平静呼吸	2	未口述扣 2 分，口述不全扣 1 分			
		2. 暴露胸部	1	操作缺失扣 1 分			
		3. 用手指触摸婴幼儿两肩胛骨下缘，确定测量位置。口述测量方法	2	未进行扣 2 分，位置不对扣 1 分，未口述扣 1 分			
		4. 站立于婴幼儿前方，将软皮尺“0”点固定于近侧乳头下缘	3	未进行或动作粗暴扣 3 分，站于婴幼儿后方扣 2 分，扣完为止			
		5. 另一手将软皮尺紧贴皮肤经两肩胛下角绕至对侧乳头下缘回到“0”点	3	动作粗暴扣 3 分，皮尺未拉直或拉伸过度扣 1 分，未紧贴皮肤扣 1 分，左右不对称扣 1 分，皮尺滑落 1 次扣 1 分，扣完为止			
		6. 读与“0”刻度相重叠的刻度值，呼气和吸气时各测一次，取平均值，精确到 0.1cm	3	读数错误扣 3 分，只测一次扣 2 分，未精确至 0.1cm 扣 1 分，扣完为止			
		7. 为婴幼儿穿好上衣	1	操作和口述均未进行扣 1 分			
	头围测量	1. 口述：婴幼儿取坐位或卧位，不合作者可由家长抱坐于家长腿上，同时家长协助固定头部	2	未口述扣 2 分，口述不全扣 1 分			

续表

操作内容		操作要点	分值	操作要求	扣分	得分	备注
		2. 摘去婴幼儿帽子，根据婴幼儿头发情况整理头发	1	操作缺失扣 1 分			
		3. 用手指触摸婴幼儿两侧眉弓上缘及枕骨结节，确定测量位置。口述测量方法	2	未进行扣 2 分，位置不对扣 1 分，未口述扣 1 分			
		4. 站立于婴幼儿侧前方，将软皮尺“0”点固定于近侧眉弓上缘	2	未进行或动作粗暴扣 2 分，站于婴幼儿后方扣 1 分，扣完为止			
		5. 将软皮尺紧贴头皮经枕骨结节绕至远侧眉弓上缘回到“0”点	4	动作粗暴扣 4 分，皮尺未拉直或拉伸过度扣 1 分，未紧贴头皮扣 1 分，左右不对称扣 1 分，皮尺滑落 1 次扣 1 分，扣完为止			
		6. 读与“0”刻度相重叠的刻度值，精确至 0.1cm，记录	3	读数错误扣 3 分，未精确至 0.1cm 扣 1 分			
		7. 为婴幼儿整理头发，戴好帽子	1	操作和口述均未进行扣 1 分			
		8. 整理用物，安抚婴幼儿	3	无整理、安抚扣 3 分，整理安抚不到位扣 1～2 分			
		9. 洗手	2	不正确洗手扣 2 分			
评价（20 分）		1. 操作规范，动作熟练	5	操作程序缺失扣 5 分			
		2. 态度温和，有安全防范和保暖意识，与婴幼儿有交流	7	无交流、无口述或用肢体语言表示者扣 5 分，扣完为止			
		3. 测量结果正确	8	不正确扣 8 分			
总分			100				

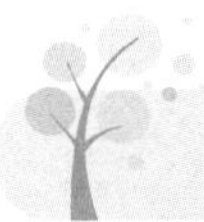

任务二　婴幼儿生长发育的评价

一、实训任务

能根据提供的数据绘制生长发育曲线图，并判断婴幼儿生长发育情况。

二、任务工单

（1）根据所提供的婴幼儿的身长（高）实测数值，正确绘制相应的身高发育曲线。

（2）根据所提供的正常男婴标准身长（高）的下限值和上限值，判断小路身高的生长是否正常。

男婴小路的身长（高）和体重实测值

身长（高）(cm)	49	50	51	52	53	54	55	56	57	58	59	60	61
体重（kg）	4.3	4.5	4.7	4.8	5.1	5.5	5.8	6.0	6.3	6.6	7.0	7.3	7.7

正常男婴身长（高）和体重的下限值和上限值

身长（高）(cm)	49	50	51	52	53	54	55	56	57	58	59	60	61
体重下限（kg）	2.5	2.5	2.6	2.8	2.9	3.1	3.3	3.5	3.7	3.9	4.0	4.1	4.6
体重上限（kg）	4.2	4.4	4.6	4.8	5.0	5.3	5.6	5.9	6.1	6.4	6.8	7.1	7.4

男婴小路的生长发育曲线图：
解读：

三、任务实施

（一）评估

（1）婴幼儿：情绪状态、心理状态。

（2）环境：干净、整洁、安全、温湿度适宜。

（3）照护者：着装整洁、剪指甲、洗手。

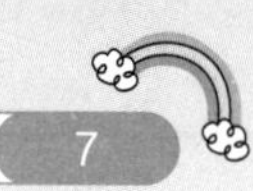

（4）物品：生长发育图、签字笔、记录本、消毒剂。

（二）计划

（1）能正确地对婴幼儿的生长发育进行评价。

（2）能根据评价表给予家长健康指导。

（三）实施

（1）正确填写生长发育评价表。

（2）体格生长发育的评价：

1）根据测量数据计算 Kaup 指数（身体估量指数），判断体格发育水平及营养状况。

2）绘制生长发育图。

3）根据评价结果对家长进行健康指导。

（3）整理用物，洗手，记录。

（4）注意事项：

1）准备充分，图文并茂，评价内容通俗易懂，条理清晰。

2）宣教语速合适，普通话标准，教态从容淡定。

3）及时与婴幼儿家长进行互动，了解掌握情况，缓解家长焦虑情绪。

（四）评价

（1）是否能正确地对婴幼儿生长发育进行评价。

（2）是否能根据生长发育评价表给予家长健康指导。

四、实施标准

婴幼儿生长发育评价考核标准

操作内容		操作要点	分值	操作要求	扣分	得分	备注
评估（20分）	环境	干净、整洁、安全、温湿度适宜	5	未评估扣5分，不完整扣1～4分			
	照护者	着装整洁、剪指甲、洗手	5	未评估扣5分，不完整扣1～4分			
	物品	生长发育图、签字笔、记录本、消毒剂	5	错误或少一个扣1分，扣完5分为止			
	婴幼儿、家长	情绪状态及心理状态良好	5	未评估扣5分，不完整扣1～4分			
计划（10分）	预期目标	1. 能正确地对婴幼儿生长发育进行评价； 2. 能根据评价表给予家长健康指导	10	未口述扣10分，口述不完整扣5～9分			

续表

操作内容		操作要点	分值	操作要求	扣分	得分	备注
实施（55分）	实施步骤	正确填写生长发育评价表	8	未完成扣8分，不完整扣3～6分			
		根据测量数据计算Kaup指数，判断体格发育水平及营养状况	10	未完成扣10分，不完整扣3～8分			
		绘制生长发育图	20	未完成扣20分，不完整、不正确扣5～15分			
		根据评价结果对家长进行健康指导	10	未口述指导扣10分，指导不到位扣5～8分			
		整理用物，记录	5	无整理、未记录扣5分，不到位扣2～4分			
		洗手	2	不正确洗手扣2分			
评价（15分）		正确地对婴幼儿生长发育进行评价	5	操作程序缺失扣5分			
		根据评价表给予家长健康指导	10	无交流、无口述或用肢体语言表示者扣5～10分			
总分			100				

项目二　婴幼儿饮食照护

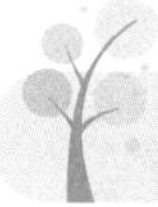

任务一　人工喂养

一、实训任务

1. 认识冲调奶粉的器具，能正确冲调奶粉。
2. 能正确使用奶瓶进行喂哺。

二、任务工单

请将人工喂养所需材料及冲调奶粉、喂哺步骤填入表中。

项目	内容
操作材料	
操作步骤	

续表

项目	内容
注意事项	

三、任务实施

（一）冲调奶粉的步骤

（1）操作者洗净双手，取出奶瓶（消毒后或及时清洗后）和奶粉。

（2）准备冲调奶粉的温开水，水温在 45℃左右。

（3）用量勺取定量的奶粉，加入盛好水的奶瓶中。

（4）盖好奶嘴盖溶解奶粉：

1）可手握奶瓶上半部，腕部用力沿顺时针方向连续水平画圈。

2）两手掌夹住奶瓶，来回搓动数次，直至奶粉全部溶解。

（5）试奶温：滴 1 ～ 2 滴奶液在手腕掌侧皮肤上，有稍微温热感即可。

（二）喂哺步骤

（1）将婴儿抱入怀中，使其头部在成人的肘弯处，用前臂支撑婴儿的后背，使其呈半坐姿势。

（2）反手拿奶瓶，用奶嘴轻触婴儿下唇，待其张开嘴后顺势放入奶嘴，奶瓶与嘴呈 90°。

（3）喂奶时，始终保持奶瓶倾斜，使奶液充满奶嘴。避免婴儿吸入空气，引起溢乳。

四、实施标准

人工喂养——配方奶粉的冲调及喂哺实施考核标准

操作内容		操作要点	分值	操作要求	扣分	得分	备注
评估（12 分）	环境	干净、整洁、安全、温湿度适宜	2	未评估扣 2 分，不完整扣 1 分			
	照护人员	着装整洁、剪指甲、洗手	2	不规范扣 2 分			
	物品	奶粉、奶瓶、奶嘴、温开水、小毛巾、围嘴、洗刷用具、消毒用具	8	每少口述（操作）一项扣 1 分，最多扣 8 分			
计划（2 分）	预期目标	1. 能正确掌握配方奶粉的冲调方法； 2. 能喂哺婴幼儿	2	未口述扣 2 分，口述不完整扣 1 分			

续表

<table>
<tr><th colspan="2">操作内容</th><th>操作要点</th><th>分值</th><th>操作要求</th><th>扣分</th><th>得分</th><th>备注</th></tr>
<tr><td rowspan="5">实施（74 分）</td><td rowspan="2">实施步骤</td><td>冲调奶粉操作步骤：
1. 参考奶粉包装上的用量说明，按婴儿体重，将适量的温水加入奶瓶中，用奶粉专用的计量勺取适量奶粉，在奶粉盒（筒）口平面处刮平，放入奶瓶中；
2. 旋紧奶嘴盖，顺时针方向轻轻摇晃奶瓶，使奶粉溶解至浓度均匀；
3. 将调配好的奶水滴到手腕内侧，感觉温度适宜便可给婴儿饮用</td><td>30</td><td>每有一项未口述（操作）或口述（操作）不正确扣 10 分</td><td></td><td></td><td></td></tr>
<tr><td>喂哺婴儿操作步骤：
1. 将婴儿抱入怀中，使其头部在成人的肘弯处，用前臂支撑婴儿的后背，使其呈半坐姿势；
2. 反手拿奶瓶，用奶嘴轻触婴儿下唇，待其张开嘴后顺势放入奶嘴，奶瓶与嘴呈 90°；
3. 喂奶时，始终保持奶瓶倾斜，使奶液充满奶嘴。避免婴儿吸入空气，引起溢乳</td><td>30</td><td>每有一项未口述（操作）或口述（操作）不正确扣 10 分</td><td></td><td></td><td></td></tr>
<tr><td rowspan="2">整理记录</td><td>喂完奶后将瓶中剩余的奶倒出，将奶瓶、奶嘴分开清洗干净，放入水中煮沸（纯净水或开水），或专用锅消毒，记录操作流程</td><td>4</td><td>本项未口述（操作）或口述（操作）不正确扣 4 分</td><td></td><td></td><td></td></tr>
<tr><td>洗手</td><td>2</td><td>不正确洗手扣 2 分</td><td></td><td></td><td></td></tr>
<tr><td>注意事项</td><td>1. 避免奶液温度过高，防止奶嘴滴速过快；
2. 避免奶瓶、奶嘴等用具不洁而造成婴幼儿口腔、肠胃感染；
3. 严格按照奶粉包装上建议的比例用量冲调奶粉；
4. 婴幼儿奶粉冲调参考（略）；
5. 两次喂奶中间，适当给婴幼儿补充水分；
6. 喂奶时，要尽可能多与婴幼儿进行目光交流，培养感情；
7. 若喂奶时间长，奶水渐凉，期间应加温至所需温度，再继续喂养；
8. 由于婴幼儿体质存在个体差异，有些婴幼儿喂配方奶的时候，偶会出现过敏现象，所以应根据婴幼儿的不同情况调整不同的配方奶</td><td>8</td><td>每有一项未口述（操作）或口述（操作）不正确扣 1 分</td><td></td><td></td><td></td></tr>
</table>

续表

操作内容	操作要点	分值	操作要求	扣分	得分	备注
评价（12分）	操作规范，动作熟练	5	操作程序缺失扣5分			
	普通话标准，声音清晰响亮，仪态大方，操作前与婴幼儿亲切交流	7	无交流、无口述或用肢体语言表示者扣5分，扣完为止			
总分		100				

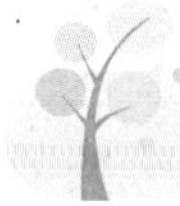

任务二　婴幼儿辅食

一、实训任务

（1）理解添加辅食的重要意义，熟悉添加食物的种类及添加顺序。

（2）能正确使用辅食制作工具。

（3）能制作简单的婴幼儿辅食。

二、任务工单

任务工单1：不同月（年）龄的婴幼儿适合的食物质地

不同月（年）龄的婴幼儿适合的食物质地

月（年）龄	食物质地
4～6月龄	
6～7月龄	
8～10月龄	
11～12月龄	

续表

月（年）龄	食物质地
18 个月	
3 岁	

任务工单 2：掌握制作果泥或蔬菜泥所需的食材、器具及制作步骤

制作果泥或蔬菜泥所需的食材、器具及制作步骤

名称	内容
食材及器具	
制作步骤	

任务工单 3：能为各月龄婴幼儿制作辅食

根据所提供的月龄为婴幼儿制作辅食，请就辅食制作进行实操。

三、任务实施

（一）不同月（年）龄的婴幼儿对食物质地的选择

月（年）龄	食物质地
4～6 月龄	稀糊状（米汤、菜汁、菜泥、果汁、果泥）
6～7 月龄	泥状（烂粥、鱼泥、肝泥、豆腐泥、蛋羹）
8～10 月龄	碎末状（稠粥、烂面、馒头、碎肉末、碎菜末）
11～12 月龄	碎块状（软米饭、面条、带馅食品、碎肉、碎菜）
18 个月	逐步向成人饮食过渡
3 岁	成人饮食

（二）辅食制作

1. 制作果汁

果汁的制作要求及具体操作

制作要求	具体操作
水果的选择原则	1. 选择新鲜的时令水果； 2. 选择方便制作成果汁的原料； 3. 选择适合婴幼儿消化吸收的水果
准备制作果汁的材料及器具（以制作橙汁为例）	新鲜的橙子、料理机、杯子、刀、盘子
按步骤制作果汁（以制作橙汁为例）	1. 将洗净的橙子去皮去筋切小块； 2. 将橙子倒入料理机内，加适量温开水； 3. 通电，搅打成汁； 4. 将榨出的橙汁盛入杯子中给婴幼儿饮用（小月龄婴儿可滤渣后，按 1∶1 比例兑温开水饮用）

2. 制作果泥

果泥的制作要求及具体操作

制作要求	具体操作
水果的选择原则	1. 选择新鲜的时令水果； 2. 选择方便制作成果泥的原料； 3. 选择适合婴幼儿消化吸收的水果（如苹果和香蕉）
准备制作水果泥的材料及器具（以制作苹果泥为例）	新鲜的苹果、研磨器、滤网、削皮器、盘子

续表

制作要求	具体操作
按步骤制作果泥（以制作苹果泥为例）	1. 准备好食物和器具，做好器具的消毒工作； 2. 苹果洗净去皮，置于研磨器上磨成苹果泥； 3. 将经过研磨器处理的苹果泥放在滤网上用勺子轻压出汁和泥； 4. 稍微压出汁的苹果泥可以直接给婴幼儿食用；如果婴幼儿具有很好的吞咽能力，可直接把刮下的果泥给婴幼儿食用，不用经过滤网过滤

3. 制作蔬菜泥

（1）制作瓜果及根茎类蔬菜泥。

瓜果及根茎类蔬菜泥的制作要求及具体操作

制作要求	具体操作
蔬菜的选择原则	1. 选择新鲜的时令瓜果及根茎类蔬菜； 2. 选择方便制作的原料； 3. 选择适合婴儿消化吸收的食材（如胡萝卜）
准备制作瓜果及根茎类蔬菜泥的材料及器具（以制作胡萝卜泥为例）	新鲜的胡萝卜、蒸锅、刀、碗、勺子、搅拌机
按步骤制作瓜果及根茎类蔬菜泥（以制作胡萝卜泥为例）	1. 把新鲜的胡萝卜洗净； 2. 把洗净的胡萝卜去皮，切成小片； 3. 将切好的胡萝卜片放在小碗里，上蒸锅蒸 15 分钟，蒸至胡萝卜熟烂； 4. 把胡萝卜片取出来，盛在碗中，加适量温水； 5. 如果是小月龄的婴儿，可以将蒸好的胡萝卜泥放入搅拌机中搅拌成糊状；如果婴儿具有很好的吞咽能力，可用小勺将胡萝卜碾成泥给婴儿食用

（2）制作叶菜类蔬菜泥。

叶菜类蔬菜泥的制作要求及具体操作

制作要求	具体操作
叶菜类蔬菜的选择原则	1. 选择新鲜的时令叶菜类蔬菜； 2. 选择方便制作的原料； 3. 选择适合婴儿消化吸收的食材（如菠菜）
准备制作叶菜类蔬菜泥的材料及器具（以制作菠菜泥为例）	新鲜的菠菜、蒸锅、碗、勺子、搅拌机
按步骤制作叶菜类蔬菜泥（以制作菠菜泥为例）	1. 选择新鲜的菠菜，把老叶摘去，去茎、洗净； 2. 将择好、淘洗干净的菠菜用沸水焯 2 ～ 3 分钟； 3. 把焯熟的菠菜放入搅拌机中搅拌成泥即可

四、实施标准

制作辅食考核标准

（以为 7 月龄的婴儿制作辅食为例）

操作内容		操作要点	分值	操作要求	扣分	得分	备注
评估（10 分）	环境	干净、整洁、安全、温湿度适宜	2	未评估扣 2 分，不完整扣 1～2 分			
	照护人员	着装整洁、洗手	4	本项未口述（操作）或口述（操作）不正确扣 4 分			
	物品	灶具、炊具、餐具和所需食材	4	本项未口述（操作）或口述（操作）不正确扣 4 分			
计划（3 分）	预期目标	制作果汁、果泥和蔬菜泥等辅食	3	本项未口述或口述不正确扣 3 分			
操作（81 分）	操作步骤	示范：给 7 月龄婴儿制作鱼泥西兰花 1. 清洗炊具、餐具； 2. 取食材：海鱼 30g，西兰花 50g； 3. 清洗干净需要的食材； 4. 锅中水烧开，放鱼蒸 8 分钟，将鱼取出去刺抿成泥； 5. 西兰花去茎，放入沸水中煮 5 分钟，将西兰花剁碎成泥； 6. 将西兰花泥与鱼泥混合，加入少量鱼汤拌匀	30	每有一项未口述（操作）或口述（操作）不正确扣 5 分			
	刀工、火候、口味、装碗的要求	1. 刀工精巧细腻，处理的食材大小、厚薄、粗细均匀； 2. 火候适中，老嫩适宜，无焦煳、不熟或过火现象； 3. 口味咸淡适中，具有应有的鲜香味； 4. 装碗摆放美观，数量适中，碗边无指痕、油污	40	每有一项未达标扣 10 分			
	整理记录	1. 将用过的灶具、炊具、餐具擦拭、清洗干净，摆放整齐； 2. 记录操作流程	4	本项未口述（操作）或口述（操作）不正确扣 4 分			

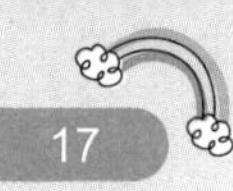

续表

<table>
<tr><th colspan="2">操作内容</th><th>操作要点</th><th>分值</th><th>操作要求</th><th>扣分</th><th>得分</th><th>备注</th></tr>
<tr><td></td><td>注意事项</td><td>1. 原材料必须新鲜，现吃现做；
2. 注意卫生，餐具要固定专用，认真洗刷、消毒；
3. 给婴幼儿喂饭时，要使用小碗、小勺，锻炼其适应餐具的能力，为日后独立进餐做准备；
4. 初喂婴幼儿辅食要有耐心，不要强迫喂哺，为婴幼儿进食创造愉快的氛围；
5. 婴幼儿患病或酷暑时应暂缓添加辅食；
6. 添加辅食后要注意观察婴幼儿的消化状况，及时调整摄入量；
7. 最好添加专门为婴幼儿制作的食品或选择婴幼儿专用的辅食添加品</td><td>7</td><td>每有一项未口述或口述不正确扣 1 分</td><td></td><td></td><td></td></tr>
<tr><td colspan="2">评价（6 分）</td><td>1. 辅食制作过程熟练；
2. 操作环节完整</td><td>6</td><td>每项未达标扣 3 分</td><td></td><td></td><td></td></tr>
<tr><td colspan="3">总分</td><td>100</td><td></td><td></td><td></td><td></td></tr>
</table>

任务三　膳食计划和食谱制定

一、实训任务

（1）能阐述 0 ～ 6 月龄婴儿母乳喂养指南的六项准则。

（2）能绘制 7 ～ 24 月龄婴幼儿平衡膳食宝塔，并知道其喂养的六项准则。

（3）能绘制 2 ～ 5 岁儿童平衡膳食宝塔；掌握学龄前儿童膳食指南在《中国居民膳食指南（2022）》平衡膳食准则八条基础上增加的 5 条核心推荐。

二、任务工单

任务工单 1：能阐述 0～6 月龄婴儿母乳喂养指南的六项准则

0～6 月龄婴儿母乳喂养指南的六项准则

准则	基本内容

任务工单 2-1：能绘制 7～24 月龄婴幼儿平衡膳食宝塔

要求：绘制 7～24 月龄婴幼儿平衡膳食宝塔，写出宝塔各层食物种类及每天的摄入量。

任务工单 2-2：能阐述 7～24 月龄婴幼儿喂养指南的六项准则

7～24 月龄婴幼儿喂养指南的六项准则

准则	基本内容

任务工单 3：能绘制 2～5 岁儿童平衡膳食宝塔

要求：绘制 2～5 岁儿童平衡膳食宝塔，写出宝塔各层食物种类及每天的摄入量。

三、任务实施

（一）0～6 月龄婴儿母乳喂养指南的六项准则

中国营养学会《中国居民膳食指南（2022）》0～6 月龄婴儿母乳喂养指南的六项准则如下：

准则 1：母乳是婴儿最理想的食物，坚持 6 月龄内纯母乳喂养

（1）母乳喂养是婴儿出生后最佳喂养方式。

（2）婴儿出生后不要喂任何母乳以外的食物。

（3）应坚持纯母乳喂养至婴儿满 6 月龄。

（4）坚持让婴儿直接吸吮母乳，只要母婴不分开，就不用奶瓶喂哺人工挤出的母乳。

（5）由于特殊情况需要在婴儿满 6 月龄前添加母乳之外其他食物的，应咨询医务人员后谨慎做出决定。

（6）配偶和家庭成员应支持纯母乳喂养。

准则 2：生后 1 小时内开奶，重视尽早吸吮

（1）分娩后母婴即刻开始不间断地肌肤接触，观察新生儿觅食表现，帮助开始母乳喂养，特别是让婴儿吸吮乳头和乳晕，刺激母乳分泌。

（2）出生后体重下降只要不超过出生体重的 7% 就应坚持纯母乳喂养。

（3）婴儿吸吮前不需过分擦拭或消毒乳房。

（4）通过精神鼓励、专业指导、温馨环境、愉悦心情等辅助开奶。

准则 3：多回应式喂养，建立良好的生活规律

（1）及时识别婴儿饥饿及饱腹信号并尽快做出喂养回应，哭闹是婴儿表达饥饿信号的最晚表现。

（2）按需喂养，不要强求喂奶次数和时间，但出生后最初阶段会在 10 次以上。

（3）婴儿异常哭闹时，应考虑非饥饿原因。

准则 4：适当补充维生素 D，母乳喂养无须补钙

（1）纯母乳喂养的婴儿出生后数日开始每日补充维生素 D10μg。

（2）母乳喂养的婴儿不需要补钙。

（3）出生后应注意补充维生素 K。

准则 5：任何动摇母乳喂养的想法和举动都必须咨询医生或其他专业人员并由他们帮助做出决定

（1）绝大多数母亲都能纯母乳喂养自己的孩子。

（2）母乳喂养遇到困难时，需要医生和专业人员的支持，母亲不要放弃纯母乳喂养，除非医生针对母婴任何一方原因明确提出不宜母乳喂养的建议。

（3）相对于纯母乳喂养，给 6 月龄内婴儿喂养任何其他食物，对婴儿健康都会有不利影响。

（4）任何婴儿配方奶都不能与母乳相媲美，只能作为母乳喂养失败后的无奈选择，或母乳不足时对母乳的补充。

（5）不要直接用普通液态奶，成人和普通儿童奶粉，蛋白粉，豆奶粉等喂养 6 月龄内婴儿。

准则 6：定期监测婴儿体格指标，保持健康生长

（1）身长和体重是反映婴儿喂养和营养状况的直观指标。

（2）6 月龄内婴儿每月测量一次身长、体重和头围，病后恢复期可适当增加测量次数。

（3）选用国家卫生标准《5 岁以下儿童生长状况判定》（WS/T 423—2013）判断生长状况。

（4）出生体重正常婴儿的最佳生长模式是基本维持其出生时在群体中的分布水平。

（5）婴儿生长有自身规律，不宜追求参考值上限。

（二）7 ～ 24 月龄婴幼儿喂养指南的六项准则

中国营养学会《中国居民膳食指南（2022）》7 ～ 24 月龄婴幼儿喂养指南的六项准则如下：

准则 1：继续母乳喂养，满 6 月龄起必须添加辅食，从富含铁的泥糊状食物开始

（1）婴儿满 6 月龄后继续母乳喂养到两岁或以上。

（2）从满 6 月龄起逐步引入各种食物，辅食添加过早或过晚都会影响健康。

（3）首先添加肉泥、肝泥、强化铁的婴儿谷粉等富铁的泥糊状食物。

（4）有特殊需要时须在医生的指导下调整辅食添加时间。

准则 2：及时引入多样化食物，重视动物性食物的添加

（1）每次只引入一种新的食物，逐步达到食物多样化。

（2）不盲目回避易过敏食物，1 岁内适时引入各种食物。

（3）从泥糊状食物开始，逐渐过渡到固体食物。

（4）逐渐增加辅食频次和进食量。

准则 3：尽量少加糖、盐，油脂适当，保持食物原味

（1）婴幼儿辅食应单独制作。

（2）保持食物原味，尽量少加糖、盐及各种调味品。

（3）辅食应含有适量油脂。

（4）1 岁以后逐渐尝试淡口味的家庭膳食。

准则 4：提倡回应式喂养，鼓励但不强迫进食

（1）进餐时父母或喂养者与婴幼儿应有充分的交流，识别其饥饱信号，并及时回应。

（2）耐心喂养，鼓励进食，但绝不强迫喂养。

（3）鼓励并协助婴幼儿自主进食，培养进餐兴趣。

（4）进餐时不看电视、不玩玩具，每次进餐时间不超过 20 分钟。

（5）父母或喂养者应保持自身良好的进餐习惯，成为婴幼儿的榜样。

准则 5：注重饮食卫生和进食安全

（1）选择安全、优质、新鲜的食材。

（2）制作过程始终保持清洁卫生，生熟分开。

（3）不吃剩饭，妥善保存和处理剩余食物，防止进食意外。

（4）饭前洗手，进食时应有成人看护，并注意进食环境安全。

准则 6：定期监测体格指标，追求健康生长

（1）体重、身长、头围等是反映婴幼儿营养状况的直观指标。

（2）每 3 个月测量一次身长、体重、头围等体格生长指标。

（3）平稳生长是婴幼儿最佳的生长模式。

（4）鼓励婴幼儿爬行、自由活动。

（三）2～5 岁儿童喂养的八条准则及五条核心推荐

学龄前儿童膳食指南在《中国居民膳食指南（2022）》平衡膳食准则八条基础上增加了五条核心推荐。

准则 1：食物多样，合理搭配

（1）坚持谷类为主的平衡膳食模式。

（2）每天的膳食应包括谷薯类、蔬菜水果、畜禽鱼蛋奶和豆类食物。

（3）平均每天摄入 12 种以上食物，每周 25 种以上，合理搭配。

（4）每天摄入谷类食物 200～300g，其中包含全谷物和杂豆类 50～150g；薯类 50～100g。

准则 2：吃动平衡，健康体重

各年龄段人群都应天天进行身体活动，保持健康体重。

食不过量，保持能量平衡。

坚持日常身体活动，每周至少进行 5 天中等强度身体活动，累计 150 分钟以上；主动身体活动最好每天 6 000 步。

鼓励适当进行高强度有氧运动，加强抗阻运动，每周 2～3 天。

减少久坐时间，每小时起来动一动。

准则 3：多吃蔬果、奶类、全谷、大豆

蔬菜水果、全谷物和奶制品是平衡膳食的重要组成部分。

餐餐有蔬菜，保证每天摄入不少于 300g 的新鲜蔬菜，深色蔬菜应占 1/2。

天天吃水果，保证每天摄入 200～350g 的新鲜水果，果汁不能代替鲜果。

吃各种各样的奶制品，摄入量相当于每天 300ml 以上液态奶。

经常吃全谷物、大豆制品，适量吃坚果。

准则 4：适量吃鱼、禽、蛋、瘦肉

鱼、禽、蛋类和瘦肉摄入要适量，平均每天 120～200g。

每周最好吃鱼 2 次或 300～500g，蛋类 300～350g，畜禽肉 300～500g。

少吃深加工肉制品。

鸡蛋营养丰富，吃鸡蛋不弃蛋黄。

优先选择鱼，少吃肥肉、烟熏和腌制肉制品。

准则 5：少盐少油，控糖限酒

培养清淡饮食习惯，少吃高盐和油炸食品。成年人每天摄入食盐不超过 5g，烹调油 25 ～ 30g。

控制添加糖的摄入量，每天不超过 50g，最好控制在 25g 以下。

反式脂肪酸每天摄入量不超过 2g。

不喝或少喝含糖饮料。

儿童青少年、孕妇、乳母以及慢性病患者不应饮酒。成年人如饮酒，一天饮用的酒精量不超过 15g。

准则 6：规律进餐，足量饮水

合理安排一日三餐，定时定量，不漏餐，每天吃早餐。

规律进餐、饮食适度，不暴饮暴食、不偏食挑食、不过度节食。

足量饮水，少量多次。在温和气候条件下，低身体活动水平成年男性每天喝水 1 700ml，成年女性每天喝水 1 500ml。

推荐喝白水或茶水，少喝或不喝含糖饮料，不用饮料代替白水。

准则 7：会烹会选，会看标签

在生命的各个阶段都应做好健康膳食规划。

认识食物，选择新鲜的、营养素密度高的食物。

学会阅读食品标签，合理选择预包装食品。

学习烹饪、传承传统饮食，享受食物天然美味。

在外就餐，不忘适量与平衡。

准则 8：公筷分餐，杜绝浪费

选择新鲜卫生的食物，不食用野生动物。

食物制备生熟分开，熟食二次加热要热透。

讲究卫生，从分餐公筷做起。

珍惜食物，按需备餐，提倡分餐不浪费。

做可持续食物系统发展的践行者。

5 条核心推荐

核心推荐 1：食物多样，规律就餐；自主进食，培养健康饮食行为。

核心推荐 2：每天饮奶，足量饮水；合理选择零食。

核心推荐 3：合理烹调，少调料、少油炸。

核心推荐 4：参与食物选择与制作，增进对食物的认知和喜爱。

核心推荐 5：经常户外活动；定期体格测量，保障健康成长。

四、实施标准

绘制宝塔：以 7 ～ 24 月龄婴幼儿平衡膳食宝塔为例。

考核标准：实施标准共 100 分。其中绘制宝塔部分共 60 分，每层 15 分（说出食物 8 分，说出食物摄入量 7 分）；实施准则 40 分，每个要点 4 分。

任务四 进餐环境创设

一、实训任务

能创设良好的婴幼儿进餐环境及营造愉快的进餐氛围。

二、任务工单

请将创设良好的婴幼儿进餐环境及营造愉快的进餐氛围的要点写在表格中。

婴幼儿进餐环境、氛围的创设和营造要点

项目	要点
进餐环境的创设	
进餐氛围的营造	

三、任务实施

（一）创设良好的物理环境

（1）进餐环境简单，避免干扰。如避免照护者的引逗、电子产品的诱惑，桌面干净整洁。

（2）挑选专用餐具。选择餐具的时候应注意不易碎、容量适度、颜色鲜艳、图案可爱；婴幼儿应使用相对固定的一套餐具。

（3）固定餐椅位置。儿童餐椅应放在固定的位置，最好能放在家长之间，安全又温馨。

（4）加强饮食安全。要避免给 3 岁以下婴幼儿提供易导致气管异物的食物；食物的制作与保存应注意卫生；选择新鲜、优质、无污染的食材；尽量避免隔顿食物。

（二）进餐氛围的营造

（1）与家庭成员共同进餐。共同进餐可以营造轻松、愉悦的进餐氛围，且能为婴幼儿树立榜样。

（2）足够的耐心。相关研究显示，一种新的食物往往要经过 15 ～ 20 次的接触才能被婴幼儿接受。所以，成人要有耐心，不要强迫婴幼儿进食他没见过的食物，要循序渐进地引导。

（3）积极、适时地给予鼓励。当婴幼儿用正确的方式独立完成进餐时，应及时给予表扬。

（4）增强婴幼儿进餐的自主性。1 岁的婴幼儿应该开始练习自己用餐具进食，成人应鼓励 1 ～ 2 岁婴幼儿自主进食，2 岁后的婴幼儿应独立进食。

四、实施标准

婴幼儿进餐环境创设考核标准

操作内容		操作要点	分值	操作要求	扣分	得分	备注
评估（15 分）	环境	干净、整洁、安全、温湿度适宜	3	未评估扣 3 分，不完整扣 1 ～ 2 分			
	照护者	着装整齐，洗手	3	不规范扣 1 ～ 2 分			
	物品	婴幼儿餐具 2 套（小碗、勺子、水杯）；婴幼儿餐椅 1 把；围嘴；手帕；婴幼儿仿真模型	3	少一个扣 1 分，扣完 3 分为止			
	婴幼儿	年龄、饮食习惯、饮食环境	4	未评估扣 4 分，不完整扣 1 ～ 2 分			
		心情：有无厌食、焦虑	2	未评估扣 2 分，不完整扣 1 分			
计划（5 分）	预期目标	口述目标： 1. 婴幼儿顺利完成进餐； 2. 培养婴幼儿良好的进餐习惯	5	未口述扣 5 分			

续表

<table>
<tr><th colspan="2">操作内容</th><th>操作要点</th><th>分值</th><th>操作要求</th><th>扣分</th><th>得分</th><th>备注</th></tr>
<tr><td rowspan="6">操作
（60 分）</td><td rowspan="2">进餐准备</td><td>婴幼儿洗净双手</td><td>2</td><td>未完成扣 2 分</td><td></td><td></td><td></td></tr>
<tr><td>婴幼儿协助做好餐前准备</td><td>3</td><td>未口述或不正确扣 3 分</td><td></td><td></td><td></td></tr>
<tr><td>进餐环境创设</td><td>1. 创设良好的物理环境
（1）进餐环境简单，避免干扰。如避免照护者的引逗、电子产品的诱惑，桌面干净整洁；
（2）挑选专用餐具。选择餐具的时候应注意不易碎、容量适度、颜色鲜艳、图案可爱，婴幼儿应使用相对固定的 套餐具，
（3）固定餐椅位置，儿童餐椅应放在固定的位置，最好能放在家长之间，安全又温馨；
（4）加强饮食安全，要避免给 3 岁以下婴幼儿提供易导致气管异物的食物，食物的制作与保存应注意卫生，选择新鲜、优质、无污染的食材，尽量避免隔顿食物。
2. 进餐氛围的营造
（1）与家庭成员共同进餐，共同进餐可以营造轻松、愉悦的进餐氛围，且能为婴幼儿树立榜样；
（2）足够的耐心，相关研究显示，一种新的食物往往要经过 15 ～ 20 次的接触之后，才能被婴幼儿接受，所以成人要有耐心，不要强迫婴幼儿进食他没见过的食物，要循序渐进地引导；
（3）积极、适时地给予鼓励，当婴幼儿用正确的方式独立完成进餐时，应及时给予表扬；
（4）增强婴幼儿进餐的自主性，1 岁的婴幼儿应该开始练习自己用餐具进食，成人应鼓励 1 ～ 2 岁婴幼儿自主进食，2 岁后的婴幼儿应独立进食</td><td>45</td><td>少一点扣 6 分，扣完 45 分为止</td><td></td><td></td><td></td></tr>
<tr><td rowspan="3">整理记录</td><td>整理用物</td><td>5</td><td>未整理扣 5 分，整理不到位扣 2 ～ 3 分</td><td></td><td></td><td></td></tr>
<tr><td>洗手</td><td>2</td><td>未正确洗手扣 2 分</td><td></td><td></td><td></td></tr>
<tr><td>记录婴幼儿进餐情况</td><td>3</td><td>未记录扣 3 分，记录不完整扣 1 ～ 2 分</td><td></td><td></td><td></td></tr>
</table>

续表

操作内容	操作要点	分值	操作要求	扣分	得分	备注
评价（20分）	操作规范，动作熟练	5	实施过程中有一处错误扣2分			
	婴幼儿能愉快完成进餐	5	未达标扣5分			
	态度和蔼，操作过程动作轻柔，关爱婴幼儿	5	不达标扣5分			
	与家属沟通有效，取得合作	5	不达标扣5分			
总分		100				

任务五　进餐习惯培养

一、实训任务

（1）能正确进行婴幼儿餐前教育。

（2）能正确进行婴幼儿进餐习惯培养。

（3）能恰当纠正婴幼儿不良饮食习惯。

二、任务工单

任务工单 1：餐前教育

餐前教育是婴幼儿必上的“一堂课”，文明科学的餐前教育有利于培养婴幼儿良好的进餐习惯。请简述餐前教育的内容。

餐前教育的内容：

任务工单 2：培养进餐习惯

独立自主的进餐习惯是托育机构和家庭教育的重要内容，关系着婴幼儿健康成长和未来的教育。请简述进餐习惯的培养要从哪些方面出发，各方面的具体内容是什么。

进餐习惯培养要点及具体内容

进餐习惯培养要点	具体内容

任务工单 3：不良饮食习惯纠正

请简述婴幼儿的不良饮食习惯，并指出应该如何纠正。

婴幼儿的不良饮食习惯及纠正要点

常见的不良饮食习惯	纠正要点

续表

常见的不良饮食习惯	纠正要点

三、任务实施

（一）餐前教育

1. 提高婴幼儿食欲

照护者应使婴幼儿饮食多样化，注意食物的色香味形，以吸引婴幼儿进食。创设良好的进餐物质环境。保持婴幼儿愉快、平静的进餐情绪。尽早教会婴幼儿自己动手吃饭，可以提高婴幼儿进餐的兴趣。科学而适当的体育锻炼，可以使婴幼儿保持良好的食欲。

2. 餐前做好就餐准备

1 ～ 2 岁的婴幼儿，要求他们餐前洗手，戴上围嘴，坐在自己的小椅子上。3 岁左右的婴幼儿可以在吃饭前帮忙做一些就餐的准备，如擦桌子、摆筷子，放好自己用的小勺、小盘、小碗。餐具清洁、大小适中。看到固定的餐具，想到马上要吃饭了，会使婴幼儿食欲增加。

3. 注意饮食卫生

注意饮食卫生，如餐前洗手，餐后漱口，不吃不清洁、不新鲜的食物，不喝生水，不捡掉在桌上或地下的东西吃，使用自己的水杯、餐具等。

4. 训练婴幼儿使用餐具

12 月龄的婴幼儿，开始习惯自己用杯子喝水，自己用勺子或者手吃东西。15 月龄的婴幼儿，能连续地自己将勺子盛满，轻松地将食物放进嘴里，但也会玩心大起，将食物扔得到处都是。18 月龄后，婴幼儿能自如地使用勺子、杯子，但是他们有时候更想用手来直接抓食物吃或把他的餐具扔着玩。一些婴幼儿在 2 岁后就会改掉这些不良饮食习惯，另一些婴幼儿可能要到 3 岁才能完全摆脱这些不良习惯。

5. 合理控制进餐时间

应定时定点进餐，每次进餐时间为 20 ～ 30 分钟。进食过程中应避免婴幼儿边吃边玩、边吃边看电视，不要追逐喂养，不使用奶瓶喝奶。家长的饮食行为对婴幼儿有较大影响，避免强迫喂养和过度喂养，预防儿童拒食、偏食和过食。两餐间不要给婴幼儿吃太多零食，否则正餐就吃不下了。让婴幼儿有饿的感觉，这样才能激起婴幼儿对吃饭的兴趣，而不是一到吃饭时间，不管他饿不饿，就把他抱到餐椅上。

对于那些进餐习惯不佳的婴幼儿，国内有学者推荐使用“饥饿疗法”：吃饭时心不在焉的婴幼儿，很可能还没到下次就餐时间就已经饿了，这时要想尽办法分散他的注意力，例如玩玩具、做游戏、外出散步、假装寻找食物等。这期间可以让婴幼儿喝些水，但是不能给他食物。等到下次就餐的时间到了，再给他吃饭。这种饥饿的刺激能激发婴幼儿对吃饭的兴趣，保证每次吃足够的量，保障生长发育，而且还能养成婴幼儿集中注意力的好习惯。

6. 进食速度要适当

婴幼儿的胃肠道发育还不完善，蠕动能力较弱，胃腺的数量较少，分泌胃液的质和量均不如成人。如果婴幼儿在进食时充分咀嚼，在口腔中将食物充分地研磨和初步消化，就可以减轻下一步胃肠道消化食物的负担，促使食物更好地被消化和吸收。由于下丘脑的感受器在感受胃是否饱的时候有时间延迟，因此进食速度过快容易导致超量饮食，摄入的热量过多，引发肥胖。

7. 进食总量要适度

允许婴幼儿决定进食量，规律进餐，让婴幼儿体验饥饿感和饱足感。开始添加辅食后，婴幼儿的代谢水平各有不同，可根据体格发育情况，在正常范围内顺其自然地让婴幼儿选择进食的多少，不必按固定模式过度喂养。当婴幼儿没有一次吃完照护者“指定”的辅食量时，不可在其玩耍时乘机将剩余食物用勺塞进婴幼儿口中。这种填鸭式的喂养方式易引起积食和肥胖。与成人一样，婴幼儿每餐饭量也是不同的，不要为了消灭这种差异而强迫婴幼儿进食；也不可过分迁就婴幼儿，要吃什么就给什么，要吃多少就给多少。

早期不良的饮食习惯可带来一生的肥胖症风险，在儿童时期控制好体重与在其他阶段同等重要。肥胖将影响所有的身体系统，可能造成潜在的严重健康问题，如糖尿病、高血压、睡眠中窒息、肺衰竭，以及更多的疾病。此外，肥胖还会造成心理上的压力，如肥胖会让人感到自己与同龄人不同，造成抑郁、焦虑和自卑。

（二）进餐习惯培养

婴幼儿进餐技能的发展是一个动态过程，是行为上的一种经过学习而获得的技能。进餐技能的发展存在个体差异，与个体发育水平和教育有关。培养良好的进餐习惯是儿童早期教育的重要内容之一，也是健康的保证。

1. 指导婴幼儿正确的进餐姿势

良好的进餐行为不仅指旺盛的食欲，还包括进餐的文明习惯。进餐的文明习惯不是一朝一夕可以形成的，需要长期的训练和培养，而形成文明习惯的第一步是培养婴幼儿良好的进餐姿势。进餐姿势是指进餐时的坐姿、使用各种餐具的正确方式、咀嚼的方式等。

（1）坐姿。

进餐时要求桌椅高矮适合，吃饭时脚平放，身体坐正，可略微前倾，靠近餐桌，不向左右倾斜，不佝腰、不耸肩，前臂可自然地放在餐桌的边缘处。照护者应随时注意观察婴幼儿的进餐姿势，发现不良姿势及时纠正。婴幼儿进餐中常见的不良姿势有托腮、趴在餐桌上、身体倾斜倚靠着餐桌、身体后仰靠在椅子背上、蹲坐在椅子上等。

（2）端碗。

吃饭时，一只手拿着碗，固定碗的位置，另一只手拿勺，如需将碗端起，应用双手端碗。

（3）用勺。

2 岁以上的婴幼儿开始对自己吃饭感兴趣，经常抢过勺子自己吃饭，照护者应该抓住这个时机，对婴幼儿进行训练和指导。婴幼儿初学用勺子吃饭，不要过分强调抓握姿势。婴幼儿进餐中用手拿勺，以其习惯的优势手为标准，若在进餐中出现一只手疲劳后，可改用另一只手，不要限制。

（4）咀嚼。

进餐时，照护者告诉婴幼儿要一口一口地吃，细嚼慢咽，要闭口咀嚼，一口咽下后再吃另一口。当口中的食物过干时，可吃一口稀的食物。

初学进餐，婴幼儿会弄脏自己的衣服和周围的环境，也会出现用手抓饭菜的现象，照护者要宽容、有耐心，不应限制、批评，以鼓励、表扬为主，否则会影响婴幼儿的食欲。

2. 控制进餐时间

有研究显示，85% 的婴幼儿用餐时间在 20 ～ 30 分钟，且经常出现前后时段的进餐速度不均衡、前松后紧的状况。前松是因为婴幼儿在刚开始进餐时注意力不集中，不专心吃饭，东张西望，边吃边玩；后紧是因为婴幼儿意识到很多同伴进餐完毕，或照护者发出指令，心里着急，于是快速完成进餐。

3. 进餐习惯训练

研究表明，孩子 1 岁后仍沿用婴儿期的方法抚养，让婴幼儿过多地依赖照护者进餐，可能会失去正确的教育作用和培养孩子良好进餐习惯的机会，不仅影响营养摄入，而且易造成婴幼儿独立性差，自信心不足。

婴幼儿的进餐行为随着年龄的增长由被动进餐过渡到主动进餐，而且年龄越小受家长进餐行为的影响越大，可见婴幼儿早期的进餐技能训练对喂养至关重要。

1 ～ 3 岁是婴幼儿自主性发展的萌芽期和个性化建构的重要时期，也是婴幼儿进餐习惯养成的关键期。

婴幼儿进餐分为三个阶段：

第一阶段是 1 岁以内，称为探索期。这时候婴儿对餐具、食物产生浓厚的兴趣，部分婴儿 10 ～ 12 个月时可学习自己用勺，一般在 1 岁后可断奶瓶。

训练方法：照护者不应因饭菜会弄脏衣服、手而不让婴幼儿自己进餐，应该让婴幼儿去探索、去感受。

第二阶段是 12 ～ 18 个月，这一时期婴幼儿手、眼协调能力迅速发展，要引导幼儿产生“我能自己吃”的感受。

训练方法：进餐前把婴幼儿小手洗干净，照护者可以观察婴幼儿，若自己有意愿拿勺子往嘴里送饭，可鼓励他，还可以放手让婴幼儿自己尝试吃饭，或用手抓饭。照护者

也可以拿两把勺子，一把给婴幼儿，另一把自己拿着，做示范给婴幼儿看，让他知道如何用勺将饭送到嘴里。让婴幼儿学“吃饭”实际上也是一种兴趣的培养，这是婴幼儿走向独立的第一步。

第三阶段是 2 ～ 3 岁，是独立期，也称巩固期。如果第二阶段婴幼儿训练得当，此时婴幼儿不需要太多帮助就可以独立吃饭了。

训练方法：巩固婴幼儿自主进餐习惯，让婴幼儿知道吃饭是他自己的事情，树立婴幼儿自主进餐的意识，用讲故事的方式让婴幼儿了解餐桌礼仪和食物营养等，更好地激发婴幼儿的食欲。

培养婴幼儿对食物的兴趣和好感，尽量提高婴幼儿的食欲。在婴幼儿面前不要讨论食物的好坏，避免婴幼儿对食物产生偏见。进餐时，给婴幼儿一个固定的就餐座位，让他坐在安静且不受干扰的地方，避免吃饭时注意力不集中。给婴幼儿营造一个轻松愉快的就餐氛围，不要在餐桌上责骂、唠叨婴幼儿，避免婴幼儿对进餐产生反感而不肯吃饭。

4. 对成人的建议

（1）做好清洁工作。

婴幼儿刚开始吃饭时动作不熟练，很可能把饭菜弄得到处都是，有些照护者可能会去帮他们，这容易让婴幼儿产生依赖心理，所以照护者应该让婴幼儿自己吃饭。如果怕弄脏衣服和周围环境，可以给他们戴一个围嘴，桌子上加个餐垫或在婴幼儿座位周围铺一些旧报纸。为了防止婴幼儿打翻饭菜，可以使用吸盘碗。要想婴幼儿能尽早拥有自理能力，照护者一定要学会放手，让婴幼儿有独立成长的时间。

（2）食物应方便婴幼儿食用。

婴幼儿的乳牙出齐后，可以吃五谷杂粮等食物，但注意大块食物尽量切开，切成条或片。

抓住婴幼儿习惯培养的关键期，帮助婴幼儿养成良好的自主进餐习惯对其一生的发展都具有重要的意义。独立自主是健康人格的表现之一，它对孩子的生活、学习质量以及成年后事业的成功和家庭生活的美满都具有非常重要的影响。

（三）不良饮食习惯纠正

婴幼儿饮食行为是摄入食物营养的保障，婴幼儿期是饮食行为问题的高发阶段。我国研究报告显示，1 ～ 3 岁婴幼儿有 34.7% 存在饮食行为问题。不良饮食习惯会影响婴幼儿的生理营养需求及生长发育需求，甚至对健康产生不良影响。

1. 婴幼儿不良饮食习惯的表现及纠正

（1）婴幼儿不良饮食习惯的表现。

婴幼儿饮食行为根据其程度分类，可分为饮食行为偏离、饮食行为问题和饮食行为障碍。尽管饮食行为偏离对婴幼儿生长发育影响不大，但会引起照护者的担忧；饮食行为问题会影响婴幼儿的体格发育，影响体重、身高增长，导致营养不良、贫血、生长发育迟缓等；饮食行为障碍可表现为长期厌食和主动拒绝进食，导致婴幼儿体重急剧下降、骨瘦如柴、神经性厌食，甚至可能导致死亡。

婴幼儿不良饮食习惯中，挑食行为最为多见，其次为偏食和厌食行为。具体的饮食行为问题表现为：吃饭慢（>30 分钟）、吃饭少（不能完成自己的份额）、对食物不感兴趣（食欲差或没有兴趣吃饭）、拒绝某些食物（不吃某些食物）、不愿尝试新食物、偏爱某些食物等。

（2）婴幼儿不良饮食习惯的纠正。

吃饭慢的习惯纠正：两餐之间大于 3 小时，两餐之间不吃其他食物；规定进餐时间少于 30 分钟，超过时间就把饭菜拿走，照护者指令明确，保持平和的态度；培养婴幼儿独立进餐习惯；进步就给予表扬和鼓励；每天保证 1 小时以上的户外活动时间；定期测量身高、体重，评价饮食行为改善与体格发育变化情况。

吃饭少的习惯纠正：两餐之间大于 3 小时，两餐之间不吃其他食物；控制进餐的时间，每次少于 30 分钟；吃饭时不训斥孩子；对进步的行为及时给予鼓励和表扬；每天保证至少 1 小时的户外活动时间；定期测量身高、体重，评价饮食行为改善与体格发育变化的情况。

对食物不感兴趣的习惯纠正：两餐之间大于 3 小时，两餐之间不吃其他食物；增进食欲，控制婴幼儿的零食；培养婴幼儿独立进食的习惯；每天保证至少 1 小时的户外活动时间；做进餐准备，让婴幼儿参与备餐等。

拒绝某些食物的习惯纠正：不强迫进食；与婴幼儿讲解食物的益处；把拒绝的食物与喜爱的食物放在一起，先少量，再逐步增加某些食物的量；改善烹饪的方法；接受食物立即给予表扬和鼓励。

不愿尝试新食物的习惯纠正：照护者树立进食新食物的榜样；新食物要多次尝试；不训斥，不强迫进食；把新食物与喜爱的食物放在一起，先少量，再逐步增加新食物的比例；尝试新食物马上给予表扬和鼓励。

偏爱某些食物的习惯纠正：不完全剥夺偏爱的食物；减少偏爱食物的摄入；照护者树立榜样，不挑食、不偏食；家庭保持意见一致；照护者持平和的态度；用暂时隔离法、消退法，暂时不食用偏爱的食物；进步给予鼓励和表扬。

2. 合理安排婴幼儿膳食

1 ～ 3 岁婴幼儿乳牙陆续萌出，正处于断母乳后的饮食调整阶段，照护者要安排好这个年龄阶段的膳食，这是保障婴幼儿健康成长的关键。合理安排膳食要做到：婴幼儿膳食配制应合理、营养均衡；烹制方法应适合婴幼儿的年龄特点与喜好；讲究饮食卫生。

为婴幼儿准备的食物要碎、细、烂、软、嫩。主食如米饭、面条等应做得软些，馒头、包子、花卷、馄饨、饺子等应做得小些。为婴幼儿准备的鸡、鸭、鱼等带骨、带刺的食物，应先脱骨去刺或打成肉泥做丸子或带馅食品，蔬菜应切成碎末状。婴幼儿 2 岁后，肉和蔬菜可切成小丁、小块或细丝状。

（1）多样化。

婴幼儿膳食必须精心安排，保证供给足够的热能和各种营养素。每日膳食应该各类食物合理搭配，不同的食物所含的营养成分不同，依照食物的性质和所含营养素的类别，可以将食物种类多样化。

食物大致分为谷类、肉蛋鱼类、豆类及其制品、蔬菜水果类、热能性食品五大类。

（2）搭配合理。

在摄取多种多样食物的同时，还应注意食物之间的搭配，做到平衡膳食。优质蛋白质占蛋白质总量的 1/3 ～ 1/2。三餐之间的搭配应遵循以下原则：早餐高质量；中餐高质量、高热量；晚餐清淡易消化。从数量上看，婴幼儿各餐热能的分配应为：早餐占全天热能的 25% ～ 30%，午餐占 30% ～ 40%，晚餐占 25% ～ 30%。

具体在配餐时，可以按以下方法进行搭配：

1）粗细粮搭配：细粮容易消化，口感好；粗粮含维生素 B，耐嚼。粗细粮搭配着吃，兼顾婴幼儿的食欲和营养需要。

2）米面搭配：米比面食耐嚼，多嚼有益，但面食花样多，巧做、细做可以激发婴幼儿食欲。

3）荤素搭配：动物性食品多属酸性食物，蔬菜为碱性食物，荤素搭配不仅不腻，还可以使体内酸碱度基本平衡，有利于健康。

4）谷类与豆类搭配：豆类蛋白质为优质蛋白质，谷类中的蛋白质营养价值较低。豆类与谷类混合食用，豆类蛋白质可以补充谷类蛋白质的不足，提高膳食蛋白质的营养价值。

5）蔬菜五色搭配："观菜色，知营养"，绿色、红色、黄色的蔬菜所含的胡萝卜素、铁、钙等优于浅色蔬菜。浅色蔬菜可用于调剂口味，但"菜篮子"里要以深色蔬菜为主。

6）干稀搭配：主食有干有稀或有菜有汤，婴幼儿吃着舒服，水分也充足。

（3）细心烹调。

由于婴幼儿咀嚼能力尚弱，肠胃消化能力尚差，因此食物宜碎、软、细、烂，不宜食用粗硬的食物，如腊肉、香肠、硬豆粒等，而且少吃油煎炸的食物。2 岁以后，可逐渐吃些耐嚼的食物，肉、菜可切成小丁、小片或细丝。3 岁以前，吃的食物应去骨、去刺、去核。不宜吃刺激性强的食物，如酸、辣、麻的食品。烹调时在尽可能地保存各种食物营养素的同时，应做到细烂软嫩，便于婴幼儿消化。同时，还应做到味美色香、花样多，以增进婴幼儿的食欲。

（4）掌握进餐次数。

1～2岁婴幼儿每日可进食5次，即三餐加上午、下午各一次零食或乳类（其中乳类每日应在400～500ml），以后逐渐改为4次，即三餐加午后零食1次。每餐间隔3～4小时。

（5）安排好零食。

断母乳以后，婴幼儿每天仍要吃5次，即3次正餐加2次点心，点心可起到补充热量的作用，但不能影响正餐。

1）时间安排。可安排在上午10点、下午4点左右吃点心，稍大的孩子可以在下午加一次点心。

2）点心的性质。点心应以低脂肪、低热量为宜，不吃甜食和油煎炸的食物，着重补充维生素C，如半个苹果、一个橘子、饼干、小豆粥、黑米粥等。

（6）从家庭做起。

3岁前婴幼儿的生活环境以家庭为主，餐食应做到营养均衡，少盐、少甜，使婴幼儿形成“杂食”的习惯。在培养婴幼儿良好饮食习惯时，照护者处于重要地位，起着主导作用，照护者应该实施有效的教育手段，促成婴幼儿良好饮食习惯的形成。

四、实施标准

（一）考核标准

婴幼儿进餐习惯指导考核标准

操作内容		操作要点	分值	操作要求	扣分	得分	备注
评估（15分）	环境	干净、整洁、安全、温湿度适宜	3	未评估扣3分，不完整扣1～2分			
	照护者	着装整齐，洗手	3	不规范扣1～2分			
	物品	婴幼儿餐具2套（小碗、勺子、水杯）；婴幼儿餐椅1把；围嘴；手帕；婴幼儿仿真模型；消毒剂、记录本、笔	3	少一个扣1分，扣完3分为止			
	婴幼儿	年龄、饮食习惯、饮食环境	4	未评估扣4分，不完整扣1～2分			
		心情：有无厌食、焦虑	2	未评估扣2分，不完整扣1分			
计划（5分）	预期目标	口述目标： 1. 对婴幼儿及其家长顺利完成餐前教育； 2. 培养婴幼儿良好的进餐习惯	5	未口述扣5分			

续表

操作内容		操作要点	分值	操作要求	扣分	得分	备注
操作（60分）	进餐准备	婴幼儿洗净双手	2	未完成扣2分			
		婴幼儿协助做好餐前准备	3	未口述或不正确扣3分			
	进餐训练	注意饮食卫生和就餐礼貌	5	未口述扣5分			
		训练婴幼儿使用餐具	5	训练方法不妥扣2～5分			
		合理控制进餐时间	5	未设置时间扣5分			
		进食速度要适当	15	未引导扣5分，态度急促、催促扣10分			
		进食总量要适度，不挑食	10	未口述扣10分			
		进餐结束协助清洁卫生	5	未完成扣5分			
	整理记录	整理用物	5	未整理扣5分，整理不到位扣2～3分			
		洗手	2	不正确洗手扣2分			
		记录婴幼儿进餐情况	3	未记录扣3分，记录不完整扣1～2分			
评价（20分）		操作规范，动作熟练	5	实施过程中有一处错误扣2分，扣完为止			
		婴幼儿能愉快完成进餐	5	未达成扣5分			
		态度和蔼，操作过程动作轻柔，关爱婴幼儿	5	未达成扣5分			
		与家属沟通有效，取得合作	5	未与家长沟通扣5分			
总分			100				

（二）参考案例

HX幼儿照护中级核心技能考评范例

瑞瑞，2岁，女，在某早教机构进餐区，大家围在小桌子旁吃点心。瑞瑞看着牛奶半天不喝一口，面包也没吃。家长反馈，瑞瑞在家也是边吃边玩，经常要看着电视吃饭。

任务：作为照护者，请完成婴幼儿进餐指导。

进餐指导

各位评委好，本次考核内容是对婴幼儿实施进餐指导。我从评估、目标、实施等几个方面进行说明和操作。

（一）评估

照护者着装整齐，已用七步洗手法洗净双手。

现场环境干净、整洁、安全，温湿度适宜。

物品准备齐全：婴幼儿餐具 2 套（小碗、勺子、水杯）、婴幼儿餐椅 1 把、围嘴、手帕、消毒剂、记录本和笔。

（二）目标

本次实施对象为 2 岁的瑞瑞，有不良就餐习惯，经常要看着电视吃饭。

我的预期目标是对婴幼儿及其家长顺利完成餐前教育，培养婴幼儿良好的进餐习惯。

（三）实施

（1）照护者引导婴幼儿协助做好餐前准备。"宝宝，吃饭的时间快到了，吃饭前要洗手，来跟着老师一起做（七步洗手法）。戴好围嘴，摆放好餐具。哇，看看今天我们要吃什么呢？呀，有漂亮的胡萝卜，多吃胡萝卜小朋友的眼睛就会变得很明亮。"（口述 + 操作）

（2）照护者训练婴幼儿使用餐具。"吃饭的时候，左手要扶着碗，右手拿着勺子，这样我们的碗就不会乱跑，也不会掉到地上了。"（口述 + 操作）

（3）照护者合理控制婴幼儿就餐时间，每次就餐时间为 20 ～ 30 分钟。（口述）

（4）照护者引导婴幼儿进餐速度要适当。"宝宝，吃饭要慢慢吃，细嚼慢咽，真棒！"

（5）照护者引导婴幼儿进食总量要适度、不挑食。（口述）

（6）进餐结束，照护者引导婴幼儿协助清洁卫生。"哇！瑞瑞真是个不挑食的好宝宝。我们一起来收拾餐具吧，放下围嘴。我们一起擦擦小嘴，洗洗小手。"（口述 + 操作）

（7）指导家长的教育方法。"瑞瑞妈妈，以后瑞瑞在家进餐的时候，我们要营造良好的进餐环境，不要播放电视，家人不要大声说话干扰婴幼儿进食，不要在餐桌上放玩具分散进食注意力；把握好进餐时间，在进餐前后不给宝宝零食吃；鼓励宝宝独立进餐，不喂他们吃。"

（8）整理用物。（口述 + 操作）

（9）洗手。（七步洗手法）（操作）

（10）记录：今天进餐指导过程中对婴幼儿进行了进餐准备训练、进餐训练和餐后整理训练。

我的操作结束，谢谢评委！（鞠躬）

项目三 婴幼儿饮水照护

任务一 婴幼儿水杯饮水的指导

一、实训任务

（1）掌握不同年龄婴幼儿每天的水分需求量。

（2）选择适合婴幼儿的水杯。

（3）指导婴幼儿使用水杯喝水。

二、任务工单

任务工单 1：不同年龄婴幼儿每天的水分需求量

要求：列表说明 0 ～ 3 岁婴幼儿水分需求量各是多少，水分摄入来源有哪些。

0 ～ 3 岁婴幼儿的水分需求量及摄入来源

年龄	水分需求量	来源

任务工单 2：根据不同年龄段选择不同的水杯

要求：在相应水杯图片旁写上适用的年龄段及理由。

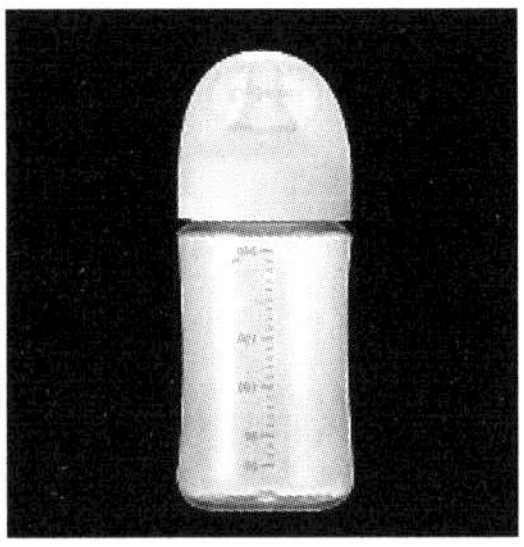

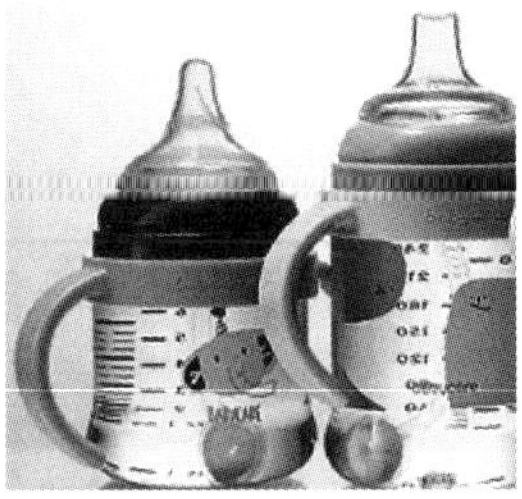

____

____

____

____

____

任务工单 3：指导婴幼儿使用水杯喝水实操内容

要求：请就如何指导婴幼儿用水杯喝水进行模拟演练。

三、任务实施

参考主教材项目三中任务二“婴幼儿饮水技能指导”。

四、实施标准

（一）考核标准

婴幼儿水杯饮水指导考核标准

操作内容		操作要点	分值	操作要求	扣分	得分	备注
评估（15 分）	环境	干净、整洁、安全、温湿度适宜	3	未评估扣 3 分，不完整扣 1 ～ 2 分			
	照护者	着装整齐，洗手	3	不规范扣 1 ～ 2 分			
	物品	三四个颜色款式不同、耐摔、干净的敞口杯；装适量温开水的水壶；防水围兜	3	少一个扣 1 分，扣完 3 分为止			
	婴幼儿	意识状态、饮水情况	4	未评估扣 4 分，不完整扣 1 ～ 2 分			
		心情：有无惊恐、焦虑	2	未评估扣 2 分，不完整扣 1 分			
计划（5 分）	预期目标	口述目标：指导婴幼儿用水杯喝水	5	未口述扣 5 分			
操作（60 分）	观察情况	检查婴幼儿饮水情况	5	未检查扣 5 分			
		口述婴幼儿目前饮水情况	5	未口述或不正确扣 5 分			
	水杯饮水指导	挑选婴幼儿喜欢的水杯	5	未口述扣 5 分			
		正确示范	5	未口述或不正确扣 5 分			
		适当鼓励	20	未口述或不正确扣 20 分			
		实物引导学习	5	未口述或不正确扣 5 分			
		采用游戏的方式	5	未口述或不正确扣 5 分			
	整理记录	整理用物	5	未整理扣 5 分，整理不到位扣 2 ～ 3 分			
		洗手	2	不正确洗手扣 2 分			
		记录婴幼儿饮水情况	3	未记录扣 3 分，记录不完整扣 1 ～ 2 分			

续表

操作内容	操作要点	分值	操作要求	扣分	得分	备注
评价（20 分）	操作规范，动作熟练	5	实施过程中有一处错误扣 5 分			
	婴幼儿能积极喝水	5	未达成扣 5 分			
	态度和蔼，操作过程动作轻柔，关爱婴幼儿	5	未达成扣 5 分			
	与家属沟通有效，取得合作	5	未沟通扣 5 分			
总分		100				

（二）参考案例

HX 幼儿照护中级核心技能考评范例

2 岁的乐乐，平时不爱喝水。有一天早晨妈妈发现乐乐嘴巴发干、嘴唇有点干裂而且小便发黄。向医生咨询后才知道乐乐有点轻微的脱水，只要让乐乐多喝点水就没事了。因为乐乐平时不爱喝水，可愁坏了乐乐妈妈。

任务：作为照护者，请完成婴幼儿水杯饮水指导。

婴幼儿水杯饮水指导

各位评委好，本次考核的内容是婴幼儿水杯饮水指导。

我从评估、目标、实施等几个方面进行说明和操作。

（一）评估

照护者自身着装整齐，用七步洗手法洗净双手。

现场环境干净、整洁、安全，温湿度适宜。

物品准备齐全：敞口水杯多个，手消毒剂、记录本和笔。

本次指导的对象为 2 岁的乐乐。乐乐在家里一直使用奶瓶喝水，从来没有使用过水杯喝水。妈妈不知道什么杯子适合宝宝，担心宝宝不接受用杯子喝水，因此很焦虑。

婴幼儿意识状态良好，饮水情况不佳。心理情况良好，但配合程度不高。

（二）目标

目标是指导婴幼儿用水杯喝水。

（三）实施

（1）检查婴幼儿饮水情况：乐乐一直用奶瓶喝水，不会用水杯喝水，目前饮水量不足。水杯完好。

（2）乐乐妈妈不用担心，2 岁的宝宝能用水杯喝水了。可以采取以下处理措施：

1）挑选宝宝喜爱的水杯。“这里有几个水杯，宝宝喜欢哪一个？哦，你喜欢小鸭子的水杯。”（口述 + 操作）

2）适当的鼓励。“宝宝真棒，能用自己的水杯喝水了。”（口述）

3）正确的示范。“拿住水杯的‘小耳朵’，把水杯放到自己的嘴边，慢慢倾斜水杯就能喝到水啦！”（口述 + 操作）

4）食物引导学习。可以在水杯里放点牛奶或一片水果，吸引宝宝喝水。（口述）

5）采用游戏的方式。宝宝喜欢游戏，可以和他玩“石头、剪刀、布”，谁赢了谁就喝一口水；或者一起玩干杯游戏，让宝宝觉得喝水是件好玩的事情，逐渐就会喜欢用杯子喝水了。（口述 + 操作）

（3）整理用物。（口述 + 操作）

（4）洗手（七步洗手法）。（口述 + 操作）

（5）记录婴幼儿饮水情况（乐乐能配合用水杯喝水，一次喝水量约 100ml）。（口述 + 操作）

我的操作结束，谢谢评委！（鞠躬）

任务二　婴幼儿饮水习惯培养

一、实训任务

培养婴幼儿良好的饮水习惯。

二、任务工单

任务工单 1：查阅资料或采用调查的方式，了解婴幼儿饮水的不良习惯

要求：请将婴幼儿饮水的不良习惯调查结果写在表格中。

任务工单 2：怎样培养婴幼儿良好饮水习惯

要求：分组讨论，针对所调查到的婴幼儿不良饮水习惯提出改善建议，写在表格中。

三、任务实施

婴幼儿身体中的水分约占其体重的 80%，如果失去了 20% 的水分，就会危及生命。水是新陈代谢不可缺少的物质，部分代谢物只有溶解在水中才能排出体外。所以，培养婴幼儿养成喝水的好习惯非常重要。

（一）培养婴幼儿一日生活常规的重要性

良好的生活常规是做一个全面、健康、正常发展的人的基本需要。规则意识是在有条不紊地每日生活中受熏陶而自然而然形成的。常规教育不是限制孩子的行为，而是促进每个孩子充分发挥潜能的重要条件。因此，照护者要培养婴幼儿的生活规律和自律能力。

（二）培养婴幼儿良好的饮水习惯

（1）定时喝水补充水分。

（2）让婴幼儿从小习惯清淡饮食。

（3）以身作则，成人要多喝白开水、少喝饮料。

（4）让婴幼儿随时都有白开水喝。

（5）经常提醒婴幼儿喝水，出门养成带水的习惯。

（6）不要喝冰水，冰水容易引起胃黏膜血管收缩，影响消化或引起肠痉挛。

（三）培养婴幼儿养成良好的喝水习惯需要注意的问题

（1）婴幼儿最好喝温开水。水温不能太热，太热了婴幼儿喝不到嘴，又影响他的活动，婴幼儿就失去了喝水的欲望，也不安全。给婴幼儿准备安全、适合的水杯，不要太大也不要太小，还要保证消毒。注意暖水瓶要放在婴幼儿碰不到的地方。

（2）婴幼儿喝水时，要教育他不要玩水，以免水洒落在桌面上、地面上，要一口一口地喝，不要太急，不要说话。

（3）不在进餐时喝水。食物在嘴里混合上唾液，经过牙齿的咀嚼，才能分解、消化，很好地被吸收。进餐时喝水，水把食物很快带走，不但影响食物的消化吸收，还对婴幼儿的咀嚼能力有很大影响。

（4）婴幼儿剧烈活动后不要马上喝水。剧烈活动后婴幼儿心脏跳动加快，喝水会给心脏造成压力，容易产生供血不足，所以，剧烈活动后不要马上喝水。

四、实施标准

婴幼儿饮水习惯培养考核标准

操作内容		操作要点	分值	操作要求	扣分	得分	备注
评估（15分）	环境	干净、整洁、安全、温湿度适宜	3	未评估扣3分，不完整扣1～2分			
	照护者	着装整齐，洗手	3	未评估扣3分，不规范扣1～2分			
	物品	笔、记录本、消毒剂、水杯	3	少一个扣1分，扣完3分为止			
	婴幼儿	意识状态、饮水情况	4	未评估扣4分，不完整扣1～2分			
		心情：有无惊恐、焦虑	2	未评估扣2分，不完整扣1分			
计划（5分）	预期目标	口述目标：婴幼儿良好饮水习惯培养	5	未口述扣5分			
操作（60分）	观察情况	口述所观察到的婴幼儿目前饮水习惯	5	未口述或不正确扣5分			
	饮水习惯培养	根据婴幼儿具体情况，采取相应措施。 1. 培养婴幼儿喝白开水的习惯。白开水最解渴，进入人体后，能迅速进行新陈代谢。选择婴幼儿喜爱的水杯，水杯中倒入白开水； 2. 培养婴幼儿定时饮水的习惯。早晨和午睡起床、运动前后、两餐之间、睡觉前可以饮用适量的温开水，注意睡前少喝、睡后多喝点； 3. 婴幼儿在游戏、玩耍的过程中，要注意观察和提醒婴幼儿喝水，当定时饮水不能满足婴幼儿需要时，应提醒婴幼儿随渴随喝；	45	能根据婴幼儿具体情况，选择相应的措施，未选择相应措施扣45分，措施不完整酌情扣分			

续表

操作内容		操作要点	分值	操作要求	扣分	得分	备注
		4. 培养婴幼儿吃饭时不饮水的习惯。如果吃饭时喝水，水会把食物带走，不但影响食物的消化、吸收，还会影响婴幼儿的咀嚼能力，长期如此，不利于婴幼儿的身体健康； 5. 培养婴幼儿剧烈运动后不马上喝水的习惯。剧烈运动后婴幼儿的心脏会加速跳动，喝水会给心脏造成一定压力，容易导致供血不足，所以剧烈运动后一定不要马上喝水，要对婴幼儿做好教育； 6. 培养婴幼儿不饮冰水的习惯。大量喝冰水容易引起胃黏膜血管收缩，影响消化、刺激肠胃，使肠胃的蠕动加快，甚至引起痉挛，导致腹痛、腹泻，对婴幼儿身体健康十分有害； 7. 培养婴幼儿自己补充水分的习惯。随着婴幼儿年龄的增长，还应有意识地培养婴幼儿在没人提醒的情况下自己补充水分的习惯。这样可以让婴幼儿知道自我满足需求，及时地补充水分，而且有利于培养婴幼儿独立做事的能力					
	注意事项	态度温柔，给婴幼儿安全感和信任感	5	不到位扣 5 分			
		动作轻柔，保护婴幼儿，避免不必要的伤害	2	不到位扣 2 分			
		及时与家属或监护者进行沟通，缓解焦虑情绪	3	不到位扣 3 分			
评价（20 分）		操作规范，动作熟练	5	实施过程中有一处错误扣 5 分			
		操作过程动作轻柔	5	未达成扣 5 分			
		态度和蔼，关爱婴幼儿	5	未达成扣 5 分			
		与家属沟通有效，取得合作	5	未沟通扣 5 分			
总分			100				

项目四 婴幼儿清洁照护

任务一 婴幼儿沐浴的实施

一、实训任务

（1）熟悉给婴幼儿洗脸、洗头和洗身（即沐浴）的步骤与方法。

（2）能模拟给婴幼儿沐浴。

二、任务工单

任务工单 1：给婴幼儿洗脸的步骤及注意事项

要求：请把给婴幼儿洗脸的基本步骤及注意事项写入表格中。

给婴幼儿洗脸的步骤及注意事项

项目	内容
洗脸步骤	
注意事项	

任务工单 2：给婴幼儿洗头的步骤及注意事项

要求：请把给婴幼儿洗头的步骤及注意事项写入表格中。

给婴幼儿洗头的步骤及注意事项

项目	内容
洗头步骤	
注意事项	

任务工单 3：模拟给婴幼儿沐浴实施内容

要求：根据给婴幼儿沐浴的基本步骤，进行模拟演练。

三、任务实施

（一）沐浴前的准备

1. 环境准备

关闭门窗、电扇等；调节室温至 26℃～ 28℃；播放柔和的音乐；洗漱时间选择在喂奶后 0.5 ～ 1 小时；水温调至 38℃～ 40℃，也可用手肘内侧测试水温，以不烫为宜。

2. 操作者准备

操作者应衣帽整洁，指甲应剪短，并取下手表、戒指等，前胸口袋内避免有坚硬尖锐物，以免划伤婴幼儿。操作者还应清洁、温暖双手。

3. 婴幼儿的准备

给婴幼儿洗澡应在喂奶后 0.5 ～ 1 小时进行，婴幼儿哭闹时需要暂停洗澡。

4. 洗澡用品准备

准备专用浴盆。准备护理用品，如大浴巾一条、小毛巾两条（一条洗脸、一条洗臀部）、婴幼儿换洗衣物及尿片、水温计。准备洗浴用品，如专用洗发液、沐浴露、润肤露、护臀膏等。

（二）洗脸

1. 准备

小毛巾一条、温水一盆。

2. 洗脸的方法和顺序

（1）将小毛巾叠成小四方形，用毛巾四个角分别擦洗婴幼儿的眼睛、鼻子以及嘴巴。

（2）将毛巾对折，按照顺时针方向、呈放射状擦洗婴幼儿的额头、左脸颊、下颌、右脸颊。

3. 注意事项

（1）一定要将婴幼儿托住、夹紧，避免其从怀中滑落。

（2）清洗动作要轻柔。

（3）清洗时，毛巾要拧干。

（三）洗头

1. 准备

温水一盆、毛巾两条、棉球若干、洗发露等。

2. 洗头的方法和顺序

（1）将婴幼儿的双腿夹在腋下，用手臂托住其背部，手掌托住头颈部，拇指和中指分别堵住婴儿的两耳。

（2）用小毛巾将婴幼儿头发浸湿，涂少许洗发露轻轻揉搓。动作要轻柔，注意洗发水不要流入婴幼儿眼中。

（3）用清水冲洗干净泡沫，擦干头发。

3. 注意事项

（1）一定要将婴幼儿托住、夹紧，避免其从怀中滑落。

（2）清洗动作要轻柔，不能用手拍打婴幼儿头部，不要用指甲抓挠婴幼儿头皮。

（3）清洗时，注意不要让婴幼儿眼睛和耳朵进水。

（4）一般洗澡之前先洗头，也可单独给婴幼儿洗头。

（四）洗身

（1）洗完头后，撤去包裹浴巾，用腕关节垫于婴幼儿后颈部，拇指和食指握住婴幼儿肩部，其余三指在婴幼儿腋下。

（2）先将婴幼儿双脚或双腿轻轻放入水中，再逐渐让水慢慢浸没其臀部和腹部，呈45°半坐位。

（3）先洗颈部、腋下、前胸、腹部、腹股沟，再洗四肢。

（4）洗完前身后反转婴幼儿，使其趴在前臂上，由上到下洗后脖颈、后背、臀部、肛门、后臂。

（5）洗完后，双手托住婴幼儿头颈部和臀部将其抱出浴盆，放在干浴巾上迅速吸干身上水分。

（6）用干棉签擦拭外耳及耳孔周围。

（7）按季节涂抹润肤品，为婴幼儿穿好衣服，垫好尿布。

四、实施标准

模拟给婴儿洗澡考核标准

操作内容		操作要点	分值	操作要求	扣分	得分	备注
评估（20分）	环境	关闭门窗、电扇等；调节室温至26℃～28℃；播放柔和的音乐；沐浴时间选择在喂奶后0.5～1小时；水温调至38℃～40℃，也可用手肘内侧测试水温，以不烫为宜	6	少做一项扣1分，扣完6分为止			
	照护者	修剪指甲，摘下饰物，清洁、温暖双手	2	少做一项扣0.5分，扣完2分为止			
	物品	1. 洗浴用品：婴儿浴盆、婴儿洗发液、沐浴露、润肤露等，消毒用品：碘伏、消毒棉签； 2. 婴幼儿用品：浴巾、小毛巾、换洗衣服、尿片等； 3. 其他物品：平整的操作台、指甲剪等	10	少一项扣2分，扣完10分为止			
	婴幼儿	皮肤状况、日常沐浴习惯、心情及配合度	2	未评估扣2分			
计划（2分）	预期目标	口述目标：婴幼儿积极配合沐浴，心情愉悦	2	未口述扣2分			

续表

操作内容		操作要点	分值	操作要求	扣分	得分	备注
洗澡（68分）		洗脸操作步骤： 1. 脱去衣服并用浴巾包好婴幼儿（或直接横托抱）； 2. 将小毛巾叠成小四方形，用毛巾四个角分别擦洗婴幼儿的眼睛、鼻子以及嘴巴； 3. 将毛巾对折，按照顺时针方向、呈放射状擦洗婴幼儿的额头、左脸颊、下颌、右脸颊	18	一项未口述或未操作扣6分			
		洗头操作步骤： 1. 将婴幼儿的双腿夹在腋下，用手臂托住其背部，手掌托住头颈部，拇指和中指分别堵住婴幼儿的两耳； 2. 用小毛巾将婴幼儿头发浸湿，涂少许洗发露轻轻揉搓，动作要轻柔，注意洗发水不要流入婴幼儿眼中； 3. 用清水冲洗干净，擦干头发	15	一项未口述或未操作扣5分			
		洗身体操作步骤： 1. 洗完头后，撤去包裹浴巾，用腕关节垫于婴幼儿后颈部，拇指和食指握住婴幼儿肩部，其余三指在婴幼儿腋下； 2. 先将婴幼儿双脚或双腿轻轻放入水中，再逐渐让水慢慢浸没其臀部和腹部，呈45°半坐位； 3. 先洗颈部、腋下、前胸、腹部、腹股沟，再洗四肢； 4. 洗完前身后反转婴幼儿，使其趴在前臂上，由上到下洗后脖颈、后背、臀部、肛门、后臂； 5. 洗完后，双手托住婴幼儿头颈部和臀部将其抱出浴盆，放在干浴巾上迅速吸干身上水分； 6. 用干棉签擦拭外耳及耳孔周围； 7. 按季节涂抹润肤品，为婴幼儿穿好衣服，垫好尿布	28	一项未口述或未操作扣4分			
		洗后整理： 1. 将洗漱用品清洁干净，摆放整齐； 2. 将婴幼儿换下的衣服放入收纳盆，抽时间洗净	3	一项未口述或未操作扣1.5分			
		注意事项： 1. 洗澡时间不宜过长，5～10分钟为宜； 2. 洗澡后喂少许温开水或喂奶	4	一项未口述或未操作扣2分			

续表

操作内容	操作要点	分值	操作要求	扣分	得分	备注
评价（10分）	操作规范，动作熟练	4	实施中有一处错误扣4分			
	操作过程注意保暖	2	未注意扣2分			
	操作过程注意保持水温	2	未注意扣2分			
	操作过程用物清洁	2	未清洁扣2分			
总分		100				

任务二　婴幼儿手部清洁指导

一、实训任务

能指导婴幼儿进行手部清洁。

二、任务工单

请绘制七步洗手法图示，并详细注明“口诀”、过程和“温馨提示”。

七步洗手法：   温馨提示：

三、任务实施

采用七步洗手法进行手部清洁。

第一步（内）：用流动的水冲手掌，将洗手液涂在手心，掌心相对、手指并拢相互反复揉搓。

第二步（外）：清洗手背侧指缝，掌心对手背指缝间相互揉搓，双手交替进行。

第三步（夹）：清洗手掌侧指缝，双手掌心相对，双手交叉反复揉搓指缝。

第四步（弓）：清洗指背，手指弯曲后，一只手掌半握住另一只手手指背反复揉搓，双手交替进行。

第五步（大）：清洗拇指，一只手握住另一只手的大拇指反复揉搓，双手交替进行。

第六步（立）：清洗指尖，手指各个关节弯曲后，将手指指尖合拢，再放在另一只手掌掌心反复旋转揉搓，双手交替揉搓。

第七步（腕）：清洗手腕、手臂，一只手揉搓另一只手手腕和手臂，双手交替进行。

注意事项：

（1）洗手应用流动水。

（2）洗手时，双手稍低置，避免水顺着手臂倒流弄湿衣袖。

（3）让婴幼儿养成餐前、便后、手脏时主动洗手的习惯。

预防感染
从正确洗手开始

专业洗手7步法

Professional hand-washing 7-step

洗手温馨提示：

洗手在流水下进行，取下手上的饰物及手表，卷袖至前臂中段，如手有裂口，要用防水胶布盖严，打开水龙头，湿润双手。搓手步骤如图，每个步骤至少搓擦五次，双手搓擦不少于15秒钟。双手稍低置，流水由手腕、手掌、手背、指缝，至指尖冲洗，然后擦干。

取适量洗手液于掌心

掌心对掌心揉搓

手指交叉，掌心对手背揉搓

手指交叉，掌心对掌心揉搓

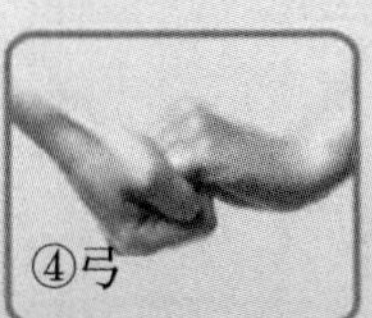

双手互握相互揉搓指背

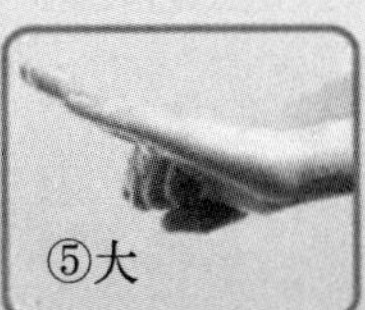

拇指在掌中转动揉搓

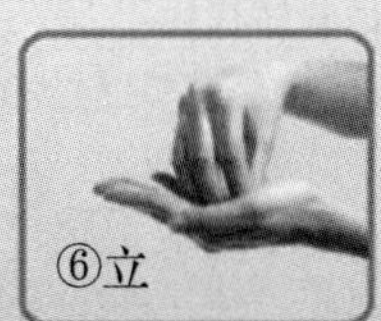

指尖在掌心揉搓

旋转揉搓腕部直至肘部

四、实施标准

婴幼儿手部清洁指导考核标准

<table>
<tr><th colspan="2">操作内容</th><th>操作要点</th><th>分值</th><th>操作要求</th><th>扣分</th><th>得分</th><th>备注</th></tr>
<tr><td rowspan="4">评估
(15 分)</td><td>环境</td><td>地面清洁干爽</td><td>3</td><td>未评估扣 3 分，不完整扣 1 ～ 2 分</td><td></td><td></td><td></td></tr>
<tr><td>照护者</td><td>着装整齐</td><td>3</td><td>未评估扣 3 分，不规范扣 1 ～ 2 分</td><td></td><td></td><td></td></tr>
<tr><td>物品</td><td>肥皂或洗手液</td><td>3</td><td>两种物品一个都未口述扣 3 分，口述其中一个得 3 分</td><td></td><td></td><td></td></tr>
<tr><td>婴幼儿</td><td>意识状态、理解能力；
心情：有无惊恐、焦虑</td><td>6</td><td>少评估一项扣 3 分，扣完 6 分为止</td><td></td><td></td><td></td></tr>
<tr><td>计划
(5 分)</td><td>预期目标</td><td>口述目标：婴幼儿在指导下用七步洗手法洗手</td><td>5</td><td>未口述扣 5 分</td><td></td><td></td><td></td></tr>
<tr><td rowspan="5">操作
(70 分)</td><td>准备</td><td>1. 再次检查洗手时的设施及物品；
2. 洗手前修剪指甲</td><td>5</td><td>未检查扣 2 分；未修剪扣 3 分</td><td></td><td></td><td></td></tr>
<tr><td>七步洗手</td><td>1. 引导婴幼儿到洗手池，告知婴幼儿洗手；
2. 卷起衣袖；
3. 让婴幼儿打开水龙头，打湿双手，擦肥皂或洗手液；
4. 指导婴幼儿洗手：
(内) 洗掌心：掌心相对，手指并拢相互揉搓；
(外) 洗手背：手心对手背沿指缝相互揉搓；
(夹) 洗指缝：掌心相对，交叉沿指缝相互揉搓；
(弓) 洗指背：指背在另一只手手掌心旋转揉搓；
(大) 洗拇指：一只手握另一只手大拇指旋转揉搓；
(立) 洗指尖：指尖合拢在另一只手手掌旋转揉搓；
(腕) 洗手腕：揉搓手腕；
5. 冲净双手，用干净的毛巾擦干双手</td><td>50</td><td>少一项扣 5 分，扣完 50 分为止</td><td></td><td></td><td></td></tr>
<tr><td rowspan="3">整理记录</td><td>整理用物</td><td>2</td><td>未整理扣 2 分</td><td></td><td></td><td></td></tr>
<tr><td>洗手</td><td>2</td><td>不正确洗手扣 2 分</td><td></td><td></td><td></td></tr>
<tr><td>记录照护情况</td><td>3</td><td>未记录扣 3 分</td><td></td><td></td><td></td></tr>
</table>

续表

操作内容		操作要点	分值	操作要求	扣分	得分	备注
	注意事项	1. 洗手应用流动水； 2. 洗手时，双手稍低置，避免水顺着手臂倒流弄湿衣袖； 3. 让婴幼儿养成餐前、便后、手脏时主动洗手的习惯	9	少一点扣 3 分			
评价（10 分）		1. 操作规范，动作熟练； 2. 指导婴幼儿洗手顺利； 3. 态度和蔼，操作过程清晰有序，关爱婴幼儿	9	少一点扣 3 分			
总分			100				

任务三　婴幼儿口腔清洁指导

一、实训任务

（1）能对出牙前的婴幼儿进行口腔清洁。

（2）能对出牙后的婴幼儿进行口腔清洁。

二、任务工单

任务工单 1：婴幼儿出牙前口腔清洁

婴幼儿出牙前口腔清洁

项目	内容
操作前准备	
清洁步骤	
注意事项	

任务工单 2：婴幼儿出牙后口腔清洁

婴幼儿出牙后口腔清洁

项目	内容
操作前准备	
清洁步骤	
注意事项	

三、任务实施

（一）婴幼儿出牙前的口腔清洁

1. 操作准备

室内光线充足，准备消毒纱布或棉布、淡盐水或温开水一杯。

照护者取下手部饰品，采用流动水七步洗手法洗净双手。婴幼儿意识清醒、情绪稳定，仰卧，用小毛巾或围嘴围在婴幼儿颌下，防止护理时沾湿衣服。

2. 操作步骤

0～6 月婴儿，如母乳喂养，妈妈每次哺乳前要清洁乳头；人工喂养的宝宝，奶瓶及奶嘴均要彻底清洁消毒后再使用。每次喂完奶后给婴儿喂几口温开水，稍大一些用纱布蘸上温开水或淡盐水轻柔擦拭口腔。

6 个月大的婴儿第一颗牙萌出时可能会伴随一些不适症状，如牙龈肿胀、发烧、疼痛等。护理时用干净的纱布卷在手指上，浸湿后以轻柔、简短地来回动作贴着牙龈从上颌到下颌绕圈，轻轻擦拭婴儿口腔内的黏膜和牙床，避免有乳凝块残留在婴儿的口腔内部，滋生细菌。每天最少做两次，一次在早餐后，另一次在睡觉前，这样可以使婴儿尽早建立良好的口腔卫生习惯。

3. 注意事项

口腔清洁时擦完一个部位要更换纱布以保持卫生；蘸水不要过多，防止婴儿吸入液体造成危险。

（二）婴幼儿出牙后的口腔清洁

大多数婴幼儿在 1 岁时萌出 6 ～ 8 颗牙齿，2 岁至 2 岁半时出齐牙齿，达到 20 颗。刚长出乳牙时，用指套牙刷或纱布蘸上淡盐水，轻轻擦拭婴儿的乳牙和牙床。每天早晚各一次，晚上喂完最后一次奶后一次。1 岁以后，要选择婴幼儿专用的牙刷和牙膏组合，照护者帮助和指导宝宝刷牙。婴幼儿 2 岁以后开始学习漱口和刷牙，3 岁后学会自觉刷牙，从小养成饭后漱口、早晚刷牙的习惯。

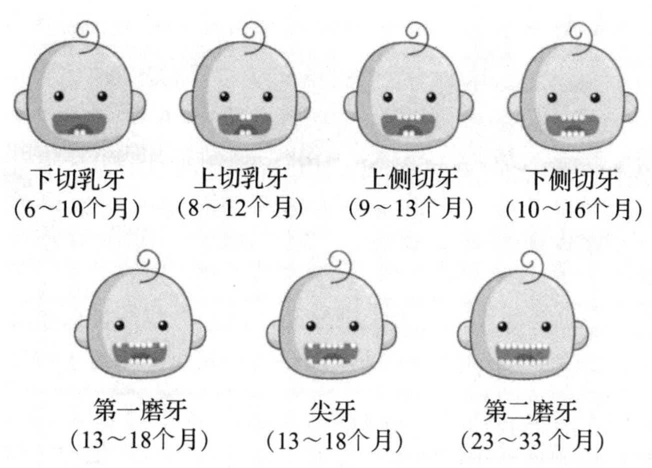

婴幼儿的出牙顺序

1. 操作准备

儿童专用牙膏（含氟、水果味）和牙刷（刷头约 1.5cm、刷毛柔软）、牙杯、温开水。先冲洗牙刷和牙杯，倒入温开水。

2. 操作步骤

由照护者先示范，让婴幼儿边学边做。

（1）漱口。

将少量温水含入口内，紧闭嘴唇，提醒婴幼儿不能咽下。

鼓动两颊及唇部，使温水能在口腔内充分接触牙面、牙龈及黏膜表面；同时运动舌，使温水接触牙面与牙间隙区，最后将漱口水吐出。如果是饭后漱口，至少鼓漱两次。

（2）刷牙。

将牙刷用温水浸泡 1 ～ 2 分钟。

挤牙膏置于牙刷上，每次用量一粒黄豆大小。

俯身向前，将牙刷的刷毛放在靠近牙龈部位，与牙面呈 45°，上牙从上向下刷，下牙从下往上刷，刷完外侧面还应刷内侧面和后牙的咬面。每个面要刷 15 ～ 20 次，才能达到清洁牙齿的目的。

轻刷舌头表面，由内向外轻轻去除食物残渣。

漱口，直至完全冲掉口中的牙膏泡沫。

冲洗牙杯和牙刷，将牙刷头朝上放在牙杯里，使它干燥。

刷牙顺序如下：

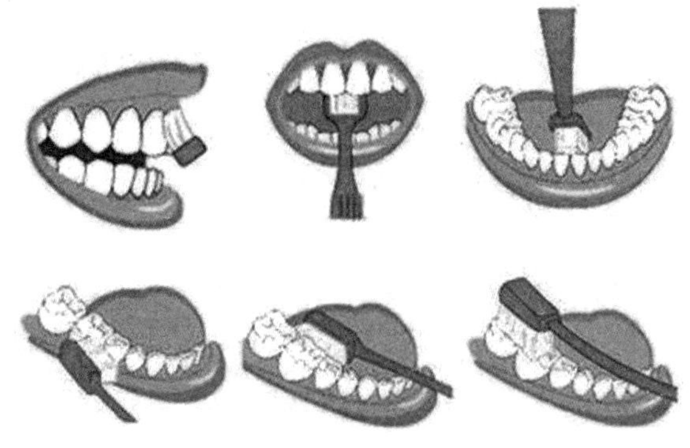

刷牙顺序

3. 注意事项

（1）2 岁婴幼儿小肌肉动作不完善，刷牙动作笨拙不熟练，照护者要给予时间和机会，在旁协助和耐心指导其刷牙，注意动作和节奏，不要太快或太用力。

（2）每次刷牙时间不少于 3 分钟。

（3）仔细观察，温和提示正确方法，注意上颚乳臼齿的外侧面、下颚乳臼齿的内侧面、上下乳臼齿的咬合面是否刷干净。

四、实施标准

（一）考核标准

婴幼儿出牙后口腔清洁考核标准

操作内容		操作要点	分值	操作要求	扣分	得分	备注
评估（15 分）	环境	干净、整洁、温湿度适宜	3	未评估扣 3 分，不完整扣 1 ～ 2 分			
	照护者	着装整齐	3	未评估扣 3 分，不规范扣 1 ～ 2 分			
	物品	儿童专用牙膏（含氟、水果味）、牙刷（刷头约 1.5cm、刷毛柔软）、牙杯、温开水	6	少一个扣 2 分，扣完 6 分为止			
	婴幼儿	意识状态、理解能力； 心情：有无惊恐、焦虑	3	少评估一项扣 1.5 分，扣完 3 分为止			
计划（5 分）	预期目标	口述目标：婴幼儿在指导下完成口腔清洁	5	未口述扣 5 分			

续表

操作内容		操作要点	分值	操作要求	扣分	得分	备注
操作（70分）	准备	先冲洗牙刷和牙杯，倒入温开水	5	未准备扣5分			
	口腔清洁	1. 将少量温水含入口内，紧闭嘴唇，提醒婴幼儿不能咽下； 2. 鼓动两颊及唇部，使温水能在口腔内充分接触牙面、牙龈及黏膜表面；同时运动舌，使温水接触牙面与牙间隙区，最后将漱口水吐出。如果是饭后漱口，至少鼓漱两次	10	少一项扣5分，扣完10分为止			
	刷牙	1. 将牙刷用温水浸泡1～2分钟； 2. 挤牙膏置于牙刷上，每次用量一粒黄豆大小； 3. 俯身向前，将牙刷的刷毛放在靠近牙龈部位，与牙面呈45°，上牙从上向下刷，下牙从下往上刷，刷完外侧面还应刷内侧面和后牙的咬面，每个面要刷15～20次，才能达到清洁牙齿的目的； 4. 轻刷舌头表面，由内向外轻轻去除食物残渣； 5. 漱口，直至完全冲掉口中的牙膏泡沫； 6. 冲洗牙杯和牙刷，将牙刷头朝上放在牙杯里，使它干燥	40	少一项扣7分，扣完40分为止			
	整理记录	整理用物	1	未整理扣1分			
		洗手	2	不正确洗手扣2分			
		记录照护情况	2	未记录扣2分			
	注意事项	1. 2岁婴幼儿小肌肉动作不完善，刷牙动作笨拙不熟练，照护者要给予时间和机会，在旁协助和耐心指导其刷牙的动作和节奏，不要太快或太用力； 2. 每次刷牙时间不少于3分钟； 3. 仔细观察，温和提示正确方法，注意上颚乳臼齿的外侧面、下颚乳臼齿的内侧面、上下乳臼齿的咬合面是否刷干净	10	少一点扣4分，扣完10分为止			

续表

操作内容	操作要点	分值	操作要求	扣分	得分	备注
评价（10分）	1. 操作规范，动作熟练； 2. 指导婴幼儿顺利洗手； 3. 态度和蔼，操作过程清晰有序，关爱婴幼儿	10	少一点扣4分，扣完10分为止			
总分		100				

（二）参考案例

HX 幼儿照护中级核心技能考评范例

琳琳（2岁，女）的牙齿已经长齐了，但她磨牙面变深，伴有蛀牙。琳琳平时在家里没有清洁牙齿的习惯。家长想让琳琳掌握正确的刷牙方法并养成刷牙的习惯。在学习刷牙时，琳琳要么弄痛自己，要么弄湿自己，家长比较着急，求助于婴幼儿机构照护者。

任务：作为照护者，请完成婴幼儿刷牙指导。

婴幼儿刷牙指导

各位评委好，本次考核的内容是婴幼儿刷牙指导。

我从评估、目标、实施等几个方面进行说明和操作。

1. 评估

（1）照护者着装整齐，用七步洗手法洗净双手。

（2）环境干净、整洁、安全，温湿度适宜。

（3）用物准备齐全：儿童牙刷、儿童牙膏、儿童漱口杯、毛巾、温水、手消毒剂、签字笔、记录本。

（4）婴幼儿生命体征正常，意识状态良好，无惊恐、焦虑。

2. 目标

本次指导的预期目标是婴幼儿口腔清洁干净、身心愉悦。

3. 实施

本次指导的对象是2岁的琳琳，她平时在家里没有清洁牙齿的习惯。琳琳乳牙磨面颜色变深，伴有蛀牙。

琳琳妈妈想让她掌握正确刷牙的方法并养成刷牙的习惯。妈妈不用太焦急，可以采取以下措施训练宝宝刷牙：

（1）漱口：1）将少量温水含入口内，紧闭嘴唇，提醒婴幼儿不能咽下。2）鼓动两颊及唇部，使温水能在口腔内充分接触牙面、牙龈及黏膜表面；同时运动舌，使温水接触牙面与牙间隙区，最后将漱口水吐出。如果是饭后漱口，至少鼓漱两次。

（2）刷牙：1）将牙刷用温水浸泡 1 ～ 2 分钟。2 ）挤牙膏置于牙刷上，每次用量一粒黄豆大小。3 ）俯身向前，将牙刷的刷毛放在靠近牙龈部位，与牙面呈 45°，上牙从上向下刷，下牙从下往上刷，刷完外侧面还应刷内侧面和后牙的咬面。每个面要刷 15 ～ 20 次，才能达到清洁牙齿的目的。4）轻刷舌头表面，由内向外轻轻去除食物残渣。5）漱口，直至完全冲掉口中的牙膏泡沫。6）冲洗牙杯和牙刷，将牙刷头朝上放在牙杯里，使它干燥。

（3）整理用物，清洗婴幼儿牙刷、牙杯。（口述 + 操作）

（4）洗手（七步洗手法）。（口述 + 操作）

（5）记录婴幼儿在指导下完成口腔清洁。（口述 + 操作）

我的操作结束，谢谢评委！（鞠躬）

任务四　婴幼儿如厕指导

一、实训任务

（1）把握训练婴幼儿如厕的时机。

（2）指导婴幼儿正确如厕。

二、任务工单

任务工单 1：罗列婴幼儿需进行如厕训练的表现

婴幼儿需进行如厕训练的表现：

任务工单 2：写出婴幼儿如厕训练的基本步骤及注意事项

项目	内容
婴幼儿如厕训练基本步骤	
注意事项	

三、任务实施

（一）婴幼儿如厕训练的时机

婴幼儿如厕训练开始的时间很重要，过早或过晚效果都会受到影响。如果婴幼儿有以下表现，说明可以开始进行如厕训练了：

（1）婴幼儿有了独立意识，说话总喜欢用“我”来开始。

（2）婴幼儿已经有了比较稳定的如厕习惯，在想要如厕前会有些害羞。

（3）婴幼儿可以保持纸尿片长时间的干爽，这说明他 / 她的膀胱控制能力正在提高。

（4）婴幼儿知道大小便的不同，形成解大小便要去厕所的概念。

（5）在纸尿片湿了的时候，婴幼儿会很不自在，想要把它拿出来。

（6）婴幼儿可以自己穿脱裤子。

（7）婴幼儿能听懂父母的话，了解一些简单如厕用语，比如知道“粑粑”“尿”等词语的意思。

（8）婴幼儿开始注重自己形象，衣服脏了就不愿意穿了。

（9）婴幼儿有时会模仿家长的如厕动作，还会好奇地询问“为什么”。

（10）婴幼儿会主动告诉家长自己想不想上厕所。

（11）婴幼儿很乐意按照家长的指令行事。

（二）如厕训练的基本步骤

1. 第一步：带婴幼儿到坐便器旁如厕

观察婴儿的表情和姿势，及时提醒婴幼儿坐盆。当婴幼儿在坐便器旁边的时候，先询问他是否有便意或尿意，帮他脱下裤子，坐在坐便器上。婴幼儿在排尿时，成人除了发出某种声音（如“嘘嘘”）外，可以教婴幼儿用语言表达尿意。

2. 第二步：如厕后清洁屁股

婴幼儿如厕后，教婴幼儿如何用纸清洁屁股。不要因为怕婴幼儿弄脏手而不教他。照护者多向婴幼儿示范正确的擦拭方法（从前往后擦），教几次以后他就学会了。

3. 第三步：教婴幼儿学会自己穿裤子和洗手

清洁屁股后教婴幼儿穿裤子，站直身子，双手抓住裤腰向上拉，整理好衣服，然后用七步洗手法洗手。

4. 第四步：让婴幼儿明白坐便器的作用

不仅要让婴幼儿知道到哪里如厕，还要告诉他坐便器的作用。婴幼儿大便后可以当着他的面清理掉坐便器中的大便，告诉婴幼儿这才是它应该去的地方。应注意将坐便器放在固定、易拿的地方，便于帮助婴幼儿形成如厕的条件反射，也便于婴幼儿及时找到坐便器。

5. 第五步：教婴幼儿使用抽水马桶

坐便器只是一个过渡，婴幼儿不能一直都使用坐便器。等婴幼儿再长大些，就可以指引他到抽水马桶上大小便，并教会他便后要及时冲水。男宝宝则要教他小便前要先将马桶坐垫掀起，小便后再将其放下。

6. 第六步：开始夜间训练

除了白天如厕训练，还要逐渐培养婴幼儿夜间如厕习惯，让婴幼儿习惯在入睡前、早起后主动如厕。如果婴幼儿睡前饮水太多或情绪特别兴奋、身体特别疲惫，在夜间不妨叫醒婴幼儿，再上一次厕所。

7. 第七步：反复练习，强化训练

婴幼儿如厕训练不会一两次就成功的，只有坚持反复训练，才能够养成婴幼儿上厕所大小便的良好习惯。

（三）注意事项

（1）不要过多地责怪婴幼儿，应多鼓励。

（2）开始训练的时间不宜过早，依照婴幼儿实际发育情况安排训练。

（3）训练过程中应有耐心，态度温柔，不指责。

（4）注意保护婴幼儿的自尊心和隐私。

四、实施标准

（一）考核标准

婴幼儿如厕训练指导考核标准

操作内容		操作要点	分值	操作要求	扣分	得分	备注
评估（15分）	环境	干净、整洁、安全，温湿度适宜	3	未评估扣3分，不完整扣1～2分			
	照护者	着装整齐	3	未评估扣3分，不规范扣1～2分			
	物品	厕纸、湿巾、小内裤、长裤、签字笔、记录本	4	少一个扣1分，扣完4分为止			
	婴幼儿	独立意识、如厕习惯、如厕意愿； 心情：有无惊恐、焦虑	5	少评估一项扣1分，扣完5分为止			
计划（5分）	预期目标	口述目标：婴幼儿正确如厕，身心愉悦	5	未口述扣5分			
操作（70分）	准备	1. 使婴幼儿了解如厕训练； 2. 激发婴幼儿训练的学习热情	6	少一项扣3分			
	如厕训练	发出“排便信号”	7	未询问或未了解扣7分			
		脱裤子	5	动作粗暴扣5分			
		坐在坐便器上	6	强迫坐下扣6分			
		排便	15	未用声音引导扣5分，态度急促扣10分			
		清洁屁股	15	未清洁扣15分，清洁方法不对扣5分			
		冲洗坐便器	6	未冲洗扣6分			
		洗手	2	不正确洗手扣2分			

续表

操作内容		操作要点	分值	操作要求	扣分	得分	备注
	整理记录	整理用物	1	未整理扣 1 分			
		洗手	2	不正确洗手扣 2 分			
		记录照护情况	1	未记录扣 1 分			
	注意事项	1. 不要过多地责怪婴幼儿，应多鼓励； 2. 开始训练的时间不宜过早，依照婴幼儿实际发育情况安排训练； 3. 训练过程中应有耐心，态度温柔，不指责； 4. 注意保护婴幼儿的自尊心和隐私	4	少一点扣 1 分			
评价（10 分）		1. 操作规范，动作熟练； 2. 指导婴幼儿如厕顺利； 3. 态度和蔼，操作过程清晰有序，关爱婴幼儿	10	少一点扣 4 分，扣完 10 分为止			
总分			100				

（二）参考案例

HX 幼儿照护中级核心技能考评范例

3 岁的欣欣进入托育园后，有人提醒上厕所就没事，不提醒就会尿裤子。

任务：作为照护者，请完成婴幼儿如厕训练指导。

婴幼儿如厕训练指导

各位评委好，本次考核的内容是婴幼儿如厕训练指导。

我从评估、目标、实施等几个方面进行说明和操作。

1. 评估

照护者自身着装整齐，用七步洗手法洗净双手。

现场环境干净、整洁、安全，温湿度适宜。

物品准备齐全：签字笔、记录本、手消毒剂、小内裤、长裤、厕纸和湿巾。

本次实施的对象为 3 岁的欣欣。欣欣进入托育园后，有人提醒上厕所就没事，不提醒就会尿裤子。欣欣无独立意识，没有自己如厕的习惯，不会表达如厕意愿，情绪紧张、恐惧。

2. 目标

目标是婴幼儿能正确如厕。

3. 实施

（1）如厕前准备：让婴幼儿知道什么是如厕训练；训练前激发婴幼儿训练的学习热情。

（2）如厕训练：

1）首先培养婴幼儿发出“排便信号”。“宝宝，当你要小便的时候，可以说‘要嘘嘘’，当你想要大便的时候，可以用‘拉嗯嗯’来告诉爸爸妈妈。”（口述）

2）引导婴幼儿脱裤子。将婴幼儿带到坐便器旁，让婴幼儿把裤子脱到脚部的位置。男宝宝小便时只要将裤子脱到大腿中部，分开两腿，小便时注意不要淋湿衣裤。“宝宝，我们现在把裤子脱到脚上面吧。”（口述＋操作）

3）训练婴幼儿坐在坐便器上。让婴幼儿逐步熟悉自己的坐便器，平时也可以经常带他去坐一坐，让他有使用坐便器的意识。“宝宝，我们现在坐在小熊坐便器上，以后有大小便，要记得坐在小熊坐便器上哦。”（口述＋操作）

4）引导婴幼儿排便。把水龙头打开让婴幼儿听着“哗哗”的水声排便，可以让婴幼儿保持一个特定的姿势。“宝宝，我们来尿尿吧，‘嘘嘘’。小心不要弄湿衣服裤子哦。宝宝要‘拉嗯嗯’吗？”（口述＋操作）

5）帮助婴幼儿清理肛门。让婴幼儿翘起屁股方便给他清洁，同时慢慢让婴幼儿学会自己清洁肛门。清洁肛门后，让婴幼儿把内裤和外裤拉上。教会婴幼儿排便后盖好马桶并冲水，养成良好的卫生习惯。“宝宝，我们把纸巾折一折，翘起屁股擦一擦，以后自己也要学会擦屁股哦，屁股擦完后，我们要记得把小马桶盖上，然后再冲水。”（口述＋操作）

6）大小便后记得洗手。把婴幼儿带到水池旁打开水龙头，引导婴幼儿洗一洗小手，用毛巾把手擦干。“宝宝，我们来洗洗小手，宝宝做得真棒，把手擦干吧。”（口述＋操作）

（3）整理用物，将物品归放原位，摆放整齐。

（4）用七步洗手法洗净双手。

（5）记录照护措施及婴幼儿情况。

我的操作结束，谢谢评委！（鞠躬）

项目五 婴幼儿睡眠照护

任务 婴幼儿睡眠环境创设

一、实训任务

（1）能找出影响婴幼儿睡眠的原因。

（2）能为婴幼儿创设良好的睡眠环境。

二、任务工单

任务工单 1：请谈谈常见的影响婴幼儿睡眠的原因

常见的影响婴幼儿睡眠的原因：

任务工单 2：请谈谈如何创设良好的婴幼儿睡眠环境

创设良好的婴幼儿睡眠环境的方法：

三、任务实施

（一）婴幼儿睡眠概述

1. 婴幼儿睡眠知识

（1）睡眠是大脑皮层以及皮下中枢广泛处于抑制过程的一种生理状态。

（2）睡眠有助于婴幼儿的脑发育，有助于记忆力的增强。

（3）新生儿每日睡眠时间可达 16 ～ 20 小时。每位婴幼儿自身气质不同，家庭环境不同，睡眠规律也不一样。只要没有疾病，婴幼儿的睡眠时间可以由婴幼儿自己决定。

（4）随着年龄的增长，婴幼儿的大脑皮层逐步发育，睡眠的时间会逐步缩短。不同年龄婴幼儿的睡眠次数和时间如下表所示。

不同年龄婴幼儿的睡眠次数和时间

年龄	次数	白天持续时间（小时）	夜间持续时间（小时）	合计（小时）
新生儿	每日 16 ～ 20 个睡眠周期，每个周期 0.5 ～ 1（小时）			20
2 ～ 6 个月	3 ～ 4	1.5 ～ 2	8 ～ 10	9.5 ～ 12
7 ～ 12 个月	2 ～ 3	2 ～ 2.5	10	12 ～ 12.5
1 ～ 3 岁	1 ～ 2	1.5 ～ 2	10	11.5 ～ 12

（5）3 岁左右的婴幼儿午睡时间不宜超过 2 小时，以免影响夜间睡眠。

2. 婴幼儿睡眠充足的标准

（1）清晨自动醒来，精神状态良好。

（2）精力充沛，活泼好动，食欲正常。

（3）体重、身高能够按正常的生长速率增长。

3. 睡眠对生长发育的影响

（1）睡眠是使婴幼儿神经系统得到休息的最有效的措施，需要有足够的时间和深度，以保证睡眠的质量。

（2）睡眠时机体内以合成功能为主，可为机体的生长发育储备足够的能量和原料。睡眠时机体的循环、呼吸、泌尿等多种生理活动以及新陈代谢均处于较低水平，全身的骨骼、肌肉也处于松弛状态，既减少了机体能量的消耗，也使整个机体得到了充分的休息。

（3）婴幼儿的生长速度在睡眠状态下是清醒状态时的 3 倍。位于大脑底部的脑下垂体所分泌的生长激素在睡眠时分泌得最多，生长激素能够促进机体本身的骨骼、肌肉、结缔组织及内脏等的增长。

（4）婴幼儿的睡眠有个体差异，高质量的睡眠有利于婴幼儿的身心健康。

（二）婴幼儿良好睡眠环境创设的实施

1. 影响睡眠质量的原因

（1）睡前玩的时间过长，过度疲劳、过度兴奋，或白天受到惊吓，心情恐惧、情绪焦虑等，会使精神不能很好地放松下来。

（2）饮食不当。晚饭吃得过多，吃的食物不易消化，或者吃得过少，因饥饿不能入睡。

（3）睡眠姿势不舒服或胸口受压，呼吸不畅。

（4）尿布湿了，没有及时更换。

（5）卧具不合适或卧室环境不好。如室内空气污浊，室温过高或过低，过于干燥，灯光过强，噪声过大。

（6）婴幼儿患病。如蛲虫病、蛔虫病、体温升高、鼻子不通气等各种疾病。

（7）日常生活发生变化。如出远门、移住新屋、换新保姆等。

2. 创造良好的睡眠环境

创造适宜的睡眠环境是保证婴幼儿高质量睡眠的前提。尽量让婴幼儿在自己所熟悉的环境中睡觉，给他（她）布置一个温馨、舒适、安静的睡眠环境。

（1）保持室内空气新鲜。应经常开门、开窗通风，新鲜的空气会使婴幼儿入睡快、睡得香。

（2）室温以 20℃～23℃为宜，过冷或过热都会影响睡眠。

（3）卧室的环境要安静。室内的灯光最好暗一些，窗帘的颜色不宜过深。

（4）为婴幼儿选择一个适宜的床单独睡。床的软硬度适中，最好是木板床，以保证婴幼儿脊柱的正常发育。

（5）睡前不做剧烈运动，避免婴幼儿过度兴奋。

（6）睡前将婴幼儿的脸、脚和臀部洗净，1 岁前的婴幼儿不会刷牙，可用清水等漱口，并排一次尿。

（7）被褥要干净、舒适，与季节相符。冬季要有保暖设施，夏季须备防蚊用具。换上宽松的、柔软的睡衣。有时婴幼儿喜欢吸吮手指可以不予干预，这对稳定婴幼儿自身情绪能起到一定的作用。

四、实施标准

婴幼儿睡眠环境创设考核标准

操作内容		操作要点	分值	操作要求	扣分	得分	备注
评估（15 分）	环境	干净、整洁、安全、温湿度适宜	3	未评估扣 3 分，不完整扣 1~2 分			
	照护者	着装整齐	3	未评估扣 3 分，不规范扣 1~2 分			
	物品	盖被、睡衣等	4	少一个扣 2 分，扣完 4 分为止			
	婴幼儿	独立意识、睡眠习惯、睡眠意愿； 心情：有无惊恐、焦虑	5	少评估一项扣 1 分，扣完 5 分为止			
计划（5 分）	预期目标	婴幼儿睡眠环境良好	5	未口述扣 5 分			
操作（70 分）	准备	1. 提醒婴幼儿睡前喝水、如厕等； 2. 让婴幼儿放松，做好睡前准备	5	少一项扣 2.5 分			
	睡眠环境创设	1. 居室安静，光线柔和； 2. 室温控制在 25℃左右； 3. 给婴幼儿选择厚薄适宜的盖被； 4. 睡前将婴儿的脸、脚和臀部洗净； 5. 睡前排一次尿； 6. 睡前换上宽松的、柔软的睡衣； 7. 睡前可利用固定乐曲催眠入睡，不拍、不摇、不抱，更不可用喂哺催眠； 8. 睡前要避免过度兴奋，每次到了睡觉时间，要把婴幼儿放在小床上，培养他独自睡觉，如果暂时没有睡着，不要去逗他，婴幼儿不久自然就会入睡	56	少一项扣 7 分			

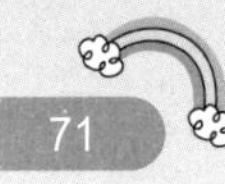

续表

<table>
<tr><th colspan="2">操作内容</th><th>操作要点</th><th>分值</th><th>操作要求</th><th>扣分</th><th>得分</th><th>备注</th></tr>
<tr><td rowspan="4"></td><td rowspan="3">整理记录</td><td>整理用物</td><td>2</td><td>未整理扣 2 分</td><td></td><td></td><td></td></tr>
<tr><td>洗手</td><td>2</td><td>不正确洗手扣 2 分</td><td></td><td></td><td></td></tr>
<tr><td>记录照护情况</td><td>1</td><td>未记录扣 1 分</td><td></td><td></td><td></td></tr>
<tr><td>注意事项</td><td>1. 不要强迫婴幼儿入睡；
2. 训练过程中耐心、温柔，不指责</td><td>4</td><td>少一点扣 2 分</td><td></td><td></td><td></td></tr>
<tr><td colspan="2">评价（10 分）</td><td>1. 指导婴幼儿入睡顺利；
2. 婴幼儿入睡快，睡眠质量好</td><td>10</td><td>少一点扣 5 分</td><td></td><td></td><td></td></tr>
<tr><td colspan="3">总分</td><td>100</td><td></td><td></td><td></td><td></td></tr>
</table>

项目六 婴幼儿运动照护

任务一 婴儿抚触

一、实训任务

能实施婴儿抚触。

二、任务工单

请把抚触的过程录制成视频，上传超星学习通或智慧职教等学习平台任务区。

三、任务实施

参考“实施标准”。

四、实施标准

在婴儿出生后第二日可以开始进行抚触，可以持续到 12 个月及以上。抚触中根据婴儿的需要和反馈随时调整抚触的时长、顺序和手法。目前通用的抚触方法有三种，分别是国际标准全身按摩法（COT）、国内改良简易法（MDST）和国内改良简易加经络按摩法（MDSTAC）。主教材根据实际经验和效果，结合婴儿实际情况介绍了全身按摩法。

婴儿抚触活动考核标准

操作内容		操作要点	分值	操作要求	扣分	得分	备注
评估（15 分）	环境	关闭门窗，室内温度调至 26℃～28℃，有条件播放音乐更佳	3	未评估扣 3 分			
	照护者	剪短指甲，清洗双手，涂抹润肤油，清洁、温暖双手	4	少一项扣 1 分			
	物品	平整的抚触台、婴儿抚触油、浴巾、换洗衣物和尿布等	5	少一项扣 1 分			
	婴儿	婴儿情绪稳定；两次进餐间；睡觉前或沐浴后	3	少一项扣 1 分			

续表

<table>
<tr><th colspan="2">操作内容</th><th>操作要点</th><th>分值</th><th>操作要求</th><th>扣分</th><th>得分</th><th>备注</th></tr>
<tr><td>计划（5分）</td><td>预期目标</td><td>口述目标：婴儿积极配合抚触，心情愉悦</td><td>5</td><td>未口述扣5分</td><td></td><td></td><td></td></tr>
<tr><td rowspan="4">操作（74分）</td><td>沟通</td><td>1. 脱去婴儿外衣，用包单包裹，轻轻放在抚触台上；
2. 俯身轻柔告诉婴儿：“宝贝，我们要开始做抚触了。”</td><td>2</td><td>每项1分，未口述或口述不正确扣1分</td><td></td><td></td><td></td></tr>
<tr><td>抚触</td><td>1. 面部抚触操作步骤：
眼睛—额头—拉微笑肌；
2. 头部抚触操作步骤：
前发际—小发际—轮耳郭；
3. 胸部抚触操作步骤：
胸部左右手交替；
4. 腹部抚触操作步骤：
脐部交替画圆；
5. 上肢抚触操作步骤：
臂—手；
6. 下肢抚触操作步骤：
腿—脚；
7. 背部抚触操作步骤：
仰卧位变俯卧位—开背—捋脊椎；
8. 臀部抚触操作步骤：
臀—俯卧位变成仰卧位，头放正</td><td>64</td><td>1. 操作完整：少做一节或一节动作不完整，每节扣4分，(共32分)；
2. 手法准确：本项不达标，每节扣1分(共8分)；
3. 动作轻柔：本项不达标，每节扣1分(共8分)；
4. 观察反应：本项不达标，每节扣1分(共8分)；
5. 亲切交流：本项不达标，每节扣1分(共8分)</td><td></td><td></td><td></td></tr>
<tr><td>整理</td><td>1. 抚触结束，为婴儿换好纸尿裤，将婴儿抱回原位，盖好被子；
2. 整理抚触台、洗手</td><td>3</td><td>未口述或口述不正确扣3分</td><td></td><td></td><td></td></tr>
<tr><td>注意事项</td><td>1. 抚触时先观看婴儿皮肤情况；
2. 婴儿哭闹时应暂停或终止抚触；
3. 抚触时动作要轻柔；
4. 不要在过热、过凉或过饥、过饱时抚触；
5. 抚触时与婴儿进行语言和目光的交流</td><td>5</td><td>一项未口述或口述不正确扣1分</td><td></td><td></td><td></td></tr>
<tr><td colspan="2">操作人员要求（4分）</td><td>1. 普通话标准；
2. 声音清晰响亮；
3. 仪态大方；
4. 操作前与婴儿亲切交流</td><td>4</td><td>一项未达标扣1分</td><td></td><td></td><td></td></tr>
<tr><td colspan="2">时间要求（2分）</td><td>10分钟</td><td>2</td><td>超时扣2分</td><td></td><td></td><td></td></tr>
<tr><td colspan="3">合计</td><td>100</td><td></td><td></td><td></td><td></td></tr>
</table>

任务二 婴儿主被动操

一、实训任务

能实施婴儿主被动操。

二、任务工单

请把婴儿主被动操的过程录制成视频，上传超星学习通或智慧职教等学习平台任务区。

三、任务实施

参考“实施标准”。

四、实施标准

婴儿主被动操活动考核标准

操作内容		操作要点	分值	操作要求	扣分	得分	备注
评估（15分）	环境	室内无对流风，室温调至26℃~28℃	4	少一项扣2分			
	照护者	剪短指甲，清洗双手，涂抹润肤油，清洁、温暖双手	4	少一项扣1分			
	物品	平整的抚触台、婴儿衣物、尿布等	3	少一项扣1分			
	婴儿	婴儿情绪稳定；穿宽松轻便的单衣；两餐间、睡醒后或沐浴后	4	少一项扣1分			
计划（5分）	预期目标	口述目标：婴儿积极配合主被动操，心情愉悦	5	未口述扣5分			
操作（70分）	沟通	1. 为婴儿脱去宽大外衣，穿贴身衣物，轻轻放在操作台上； 2. 俯身轻柔告诉婴儿：“宝贝，我们要开始做操了。”用双手轻轻由双手向肩膀、由双脚向大腿根部按压，让婴儿身体慢慢放松	3	未口述或口述不正确扣1.5分			

续表

<table>
<tr><th colspan="2">操作内容</th><th>操作要点</th><th>分值</th><th>操作要求</th><th>扣分</th><th>得分</th><th>备注</th></tr>
<tr><td>操作
（70 分）</td><td>主被动操</td><td>第一节：起坐运动
1. 婴儿仰卧，操作者双手握住婴儿双臂；
2. 轻拉婴儿，让婴儿自己用力坐起来；
3. 再让婴儿由坐至仰卧。
第二节：起立运动
1. 婴儿俯卧，双手支撑在胸前，操作者双手托住婴儿双臂或手腕；
2. 牵引婴儿先跪再立；
3. 再让婴儿由立至跪再俯卧。
第三节：提腿运动
1. 婴儿俯卧，两肘支撑身体，操作者双手握住婴儿两足踝部；
2. 轻轻抬起婴儿双腿，约 30°；
3. 还原。
第四节：挺胸运动
1. 婴儿俯卧，双手向前伸出，操作者双手托住婴儿的臀部；
2. 轻轻使婴儿上身抬起并挺胸，下腹部不离开台面；
3. 还原。
第五节：弯腰运动
1. 婴儿背对成人站在前面，一手扶住婴儿腹部，另一手扶住婴儿双膝，在婴儿前方放一个玩具，引导婴儿弯腰去取玩具；
2. 拿取玩具后逐步恢复直立。
第六节：转体翻身运动
1. 婴儿仰卧，成人左手握住婴儿双手，右手扶住婴儿背部，引导婴儿使劲向左翻身，转体到俯卧位，还原至仰卧；
2. 向右做翻身、转体运动，还原。
第七节：跳跃运动
1. 成人和婴儿面对面，双手扶住婴儿腋下；
2. 成人稍用力将婴儿托离台面，婴儿前脚掌着地做跳跃运动。
第八节：扶走运动
1. 婴儿背对成人站立，双手扶住婴儿腋下辅助其向前迈步走；
2. 后退回到起始位置。</td><td>63</td><td>1. 操作完整：少做一节或一节动作不完整，每节扣 5 分，(共 35 分)；
2. 手法准确：本项不达标，每节扣 1 分 (共 7 分)；
3. 动作轻柔：本项不达标，每节扣 1 分 (共 7 分)；
4. 观察反应：本项不达标，每节扣 1 分 (共 7 分)；
5. 亲切交流：本项不达标，每节扣 1 分 (共 7 分)</td><td></td><td></td><td></td></tr>
</table>

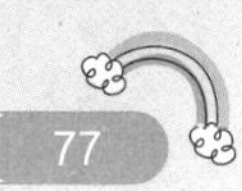

续表

操作内容		操作要点	分值	操作要求	扣分	得分	备注
	整理	1. 与婴儿交流，如："宝宝，我们做完操了，舒不舒服呀！"为婴儿做全身轻柔放松动作后为其穿戴好 2. 整理用物，适当开窗通风，洗手	2	一项未口述或口述不正确扣 1 分			
	注意事项	1. 动作轻柔，两眼注视婴儿，态度和蔼； 2. 边做边和婴儿交流，使婴儿身心愉悦； 3. 婴儿饥饿或进食后不宜做，宜在两餐间、睡醒后、沐浴后进行； 4. 婴儿不配合、不愿做时不要勉强； 5. 婴儿患病时不做	2	一项未口述或口述不正确扣 0.4 分			
操作人员要求（8 分）		1. 普通话标准； 2. 声音清晰响亮； 3. 仪态大方； 4. 操作前与婴儿亲切交流	8	一项未达标扣 2 分			
时间要求（2 分）		10 分钟	2	超时扣 2 分			
合计			100				

任务三 婴幼儿地板活动、户外游戏

一、实训任务

（1）熟悉婴幼儿动作发展的核心能力。

（2）能设计和组织婴幼儿地板活动。

（3）能设计和组织婴幼儿户外游戏。

二、任务工单

任务工单 1：设计婴幼儿地板活动

设计婴幼儿地板活动

项目	实施步骤
核心动作	
核心发展指标	

续表

项目	实施步骤
游戏名称	
游戏目标	
准备	
操作	
整理	

任务工单 2：设计婴幼儿户外游戏

设计婴幼儿户外游戏

项目	实施步骤
核心动作	
核心发展指标	
游戏名称	
游戏目标	
准备	

续表

项目	实施步骤
操作	
整理	

三、任务实施

（一）婴幼儿地板活动及户外游戏设计的原则

1. 个体差异性原则

活动前，根据婴幼儿不同的经历、素质、能力发展情况等进行有针对性的设计，提高婴幼儿对活动的适应性。

2. 安全性原则

婴幼儿最初认知世界的方式主要就是依靠手摸、牙齿咬、舌头舔等，随着大肌肉运动的发展，他们的活动范围逐渐变大，动作越来越迅速，危险发生的概率就会加大。在动作发展训练、体格锻炼等活动中，要注意活动内容和活动空间的安全性。

3. 生活性原则

婴幼儿的健康教育活动应以生活主题为主，或将教育贯穿到一日生活的过程中。照护者在给予婴幼儿个人活动机会的同时，应给予他们参加社会活动的机会，并教给他们在社会中生活的方法。

4. 整合性原则

促进婴幼儿的全面、和谐发展，培养良好的个性，是当前婴幼儿教育的一个重要趋势。在教育活动的设计过程中，应充分考虑各领域活动的相互发展与融合，专注于身体健康的教育活动，也能促进其他领域活动能力的发展。

（二）婴幼儿地板活动及户外游戏过程设计

1. 活动导入

任务：组织婴幼儿，吸引婴幼儿的注意，告知其要开始活动了，激发婴幼儿参与的积极性。

内容：以游戏、儿歌、故事、情境等形式导入，穿插热身、说明活动要求等，以发挥准备活动的作用。

时间：占总时长的 20%。

2. 活动主体

任务：围绕身体健康教育开展新的活动内容，促进婴幼儿能力的发展。

内容：开展动作练习、体格锻炼、身体健康教育等活动。利用分组闯关游戏、单独练习、比赛等，让婴幼儿获得身体锻炼，提高动作协调能力，认识自己的身体，有初步的自我保护意识。在活动中注重婴幼儿的主体性，充分发挥婴幼儿的主观能动性，注意他们在活动中的表现，在给予肯定的同时记录表现的情况，为后续教学调整提供参考。

时间：占总时长的 65%。

3. 活动结束

任务：放松运动、再见仪式、整理物品、小结活动内容、布置任务等。

内容：开展轻松自然的走步练习等放松活动，使紧张的肌肉逐渐放松。小结本次活动内容、收获等。设计有仪式感的再见环节。婴幼儿的教育活动以托育机构为主体，活动可以延伸到家庭中，也可以与下节课的内容相关。

时间：占总时长的 15%。

四、实训案例

31 ～ 36 月龄幼儿地板活动：海底世界

项目	实训步骤
核心动作	双手协作（31 ～ 36 月龄）
核心发展指标	水平 1：在帮助下进行“按、压、撕、贴”； 水平 2：自主进行“按、压、撕、贴”
活动名称	“海底世界”

续表

项目	实训步骤
活动目标	1. 能用按、压、撕、贴等动作来印画，锻炼手部的控制能力； 2. 乐意用身体动作表现小鱼游泳和吐泡泡，体验随音乐律动的快乐
准备	1. 环境准备：室内干净、整洁、安全、空气新鲜，温度 26℃左右，湿度 50% 左右，准备一个平坦安全、软硬适宜的地垫，周围可以围上有固定装置的围栏； 2. 教具准备：走线音乐、小鱼游音乐、小鱼徽章、海底世界图画纸、眼睛贴纸、小鱼印章、颜料； 3. 幼儿准备：幼儿情绪稳定，无饥饿、瞌睡等烦躁现象，衣着适宜运动
操作	（一）开始部分：走线和自我介绍 1. 播放音乐，引导幼儿随音乐跟老师一起做小动物的动作走线。 2. 教师手拿小鱼徽章，导入情境。 教师：今天老师想邀请宝宝们一起去海底世界玩，想进入海底世界需要入场小徽章。宝宝们上来介绍自己，就可以得到徽章。老师先来介绍一下自己。大家好，我是 × 老师！ 3. 请幼儿一一做自我介绍，教师带着其他幼儿一起向他问好。 （二）主体部分：美丽的海底世界 1. 出示海底世界图画纸，激发幼儿动手兴趣。 教师：美丽的海底世界到了，咦，宝宝们仔细看看，海底世界里少了谁？（小鱼）宝宝们愿意在海底世界里印出小鱼吗？ 2. 介绍材料，教师示范讲解制作步骤，重点讲解“按、压、撕、贴”方法。 （1）将小鱼印章蘸上颜料，印在纸上。 （2）在印完的小鱼上面贴上眼睛。 （3）用手指蘸蓝色颜料印泡泡。 教师：宝宝们，先看看老师是怎么印小鱼的。拿起小鱼印章，蘸上你喜欢的颜料，按一按，再印到大海里。用大拇指和食指把小鱼眼睛后面的双面胶撕下来，再把眼睛贴到小鱼的头上，轻轻压一压。小鱼小鱼回家啦！除了游泳，小鱼还会做些什么呢？（吐泡泡）用我们的手指蘸点蓝色颜料，在小鱼嘴边或周围印一印。小鱼小鱼吐泡泡。宝宝们，一起来送小鱼回大海吧！ 3. 幼儿领取材料，自主进行制作，教师进行个别化指导。 鼓励幼儿先用老师讲解的按、压的方法大胆进行印画，再用撕、贴的动作完成小鱼眼睛，最后随意画泡泡，锻炼手部的控制能力，体验大胆创作的乐趣。 4. 师幼共同欣赏作品，收拾材料。 （三）结束部分：和小鱼一起游泳 1. 播放音乐，引导幼儿随音乐做小鱼吐泡泡和游泳的动作。 教师：宝宝们都把小鱼送回美丽的大海了。我们一起跟着小鱼去大海里游泳、吐泡泡吧！ 2. 和老师、同伴拥抱，挥手说再见
整理	为幼儿擦汗，做全身的轻柔放松动作后为其穿戴好，休息
	整理用物，擦干净地垫
	洗手，做记录

31～36 月龄幼儿户外游戏：大海里的鱼

项目	实训步骤
核心动作	四散跑（31～36 月龄）
核心发展指标	能听从指令规避危险四散跑
游戏名称	“大海里的鱼”
游戏目标	1. 能按指令四散跑； 2. 行走或奔跑时不碰撞或及时躲避他人，提高动作灵敏性。
准备	1. 环境准备：室外安全、宽敞、平坦的草地或塑胶操场； 2. 教具准备：小鱼头饰若干、大网一个（或彩虹伞一把）、圈若干、热身操音乐； 3. 幼儿准备：幼儿情绪稳定，无饥饿、瞌睡、烦躁现象，衣着适宜运动
操作	(一) 开始部分 教师播放热身操音乐，幼儿戴上小鱼头饰，随音乐做小鱼水中游的动作。 (二) 基本部分 1. 游戏一“小鱼和鲨鱼”。 玩法：幼儿扮演小鱼，教师扮演鱼妈妈。小鱼跟着鱼妈妈在大海（场地）四散游，当鱼妈妈说“鲨鱼来了”，小鱼快速游（跑）；当鱼妈妈说“鲨鱼游走了”，小鱼慢慢游（走）。 规则：幼儿沿着一个方向做游的动作（跑或走）。 2. 游戏二“小鱼和渔夫”。 玩法：两位教师扮演渔夫，边有节奏地念儿歌（“一网不捞鱼，二网不捞鱼，三网捞个小尾巴、尾巴……尾巴鱼”），边拉起网。幼儿扮演小鱼，在网下自由游动，注意不相互碰撞；当渔夫说到“尾巴鱼”时，渔夫撒下网，同时小鱼快速游出网。 规则：当儿歌念到“尾巴鱼”时，小鱼才能游出网。 拓展玩法：教师扮演捕鱼者去捞鱼，幼儿扮演小鱼。音乐响起幼儿四散快速走动，注意不相互碰撞；音乐停止，小鱼马上躲进“岩洞”（事先在场地上铺好圈），捕鱼者捕鱼。 3. 结束部分。 幼儿扮演小鱼做摇头、摆尾、跃出水面、潜入水底等动作放松身体
整理	为幼儿擦干汗，及时补充水分，做全身放松后休息
	洗手，做记录

项目七 婴幼儿衣着照护

任务一 婴幼儿着装照护——纸尿裤脱穿

一、实训任务

掌握纸尿裤穿脱方法。

二、任务工单

任务工单 1：请将纸尿裤脱穿方法写在表格中

脱穿纸尿裤的方法

名称	脱穿方法
纸尿裤	

任务工单 2：脱穿婴幼儿纸尿裤实操

要求：请就脱穿婴幼儿纸尿裤的过程进行模拟演练。

三、任务实施

脱穿纸尿裤的操作步骤如下：

（1）撕开旧纸尿裤的胶贴并贴好。用一只手握住婴幼儿双足，并以一指夹于两脚间，轻轻提起，使臀部略抬高，另一只手将纸尿裤由前向后取下，然后对折，将尿便裹在纸尿裤里面，放入垃圾桶内。

（2）清洁阴部及臀部，洗净擦干，涂抹适量护臀膏。

（3）将新纸尿裤垫于婴幼儿腰下，然后放下婴幼儿双腿。

（4）把新纸尿裤的前片向上拉起，盖住婴幼儿的肚子，按粘贴区指示粘贴纸尿裤两侧的胶贴。

（5）整理纸尿裤，尤其是大腿根部和腰部的位置。

（6）注意事项：

1）及时更换。更换的时间和次数要因人而异。一般早晨醒来、睡觉前和每次洗澡后要更换；每次喂奶后因为进食引起胃肠反射容易发生粪便排泄，要及时换纸尿裤。

2）换纸尿裤时要注意舒适、安全。可以把柔软、温暖、防水的垫子放在床上、桌子上或地板上为婴幼儿换纸尿裤，防止婴幼儿翻滚和扭动。

3）换新纸尿裤时，要轻轻地用旧纸尿裤的边缘擦掉大部分粪便，用湿纸巾把臀部擦净。为1岁左右的婴幼儿换纸尿裤，可以准备一些玩具或图书来分散其注意力。

4）为婴幼儿换纸尿裤时要充分利用这个机会，用目光、语言和动作与婴幼儿进行沟通。

5）要养成良好的卫生习惯，每次给婴幼儿换纸尿裤时，要用清水和肥皂洗手。

6）注意室内和水的温度，操作者双手也要温暖。

四、实施标准

为婴幼儿脱穿纸尿裤考核标准

操作内容		操作要点	分值	操作要求	扣分	得分	备注
评估（15分）	环境	干净、整洁、光线适宜	3	未评估扣3分，不完整扣1～2分			
	照护者	着装整齐；摘掉首饰、手表；洗手	3	不规范扣1～2分			
	物品	准备一盆清水（水温控制在38℃～42℃），干净的纸尿裤、隔尿垫/护理巾、棉柔巾、纸巾（或擦屁巾）、护臀膏	3	少一项扣1分，扣完3分为止			
	婴幼儿	意识状态、理解能力； 心情：有无惊恐、焦虑	6	少一项扣3分，扣完6分为止			

续表

操作内容		操作要点	分值	操作要求	扣分	得分	备注
计划（5分）	预期目标	口述目标：正确脱穿纸尿裤	5	未口述扣5分			
操作（60分）	准备	1. 准备干净的纸尿裤； 2. 准备洗护臀部用品：温水、湿巾、护臀膏	5	少一项扣2.5分			
	脱穿纸尿裤	1. 使用纸尿裤前，先清洁婴儿臀部； 2. 抱婴儿仰卧，打开纸尿裤有腰贴部分垫于臀下，再将前半段折于肚前； 3. 拉伸弹性腰围腰贴，照着正面的图标刻度粘上； 4. 腰部松紧度以能插入成人的一根手指为宜； 5. 适当调整臀部和腿部褶边，防止后漏和侧漏	50	每项10分，未操作或操作不规范每项扣10分			
	整理记录	整理用物	1	未整理扣1分			
		洗手	2	未正确洗手扣2分			
		记录照护情况	2	未记录扣2分			
评价（20分）		1. 操作规范，动作熟练； 2. 态度和蔼，操作过程清晰有序，关爱婴幼儿	20	每项未达标扣10分			
总分			100				

任务二　婴幼儿着装照护——脱穿衣物

一、实训任务

指导婴幼儿脱穿衣物。

二、任务工单

任务工单 1：请将婴幼儿脱穿衣物的方法写在表格中

婴幼儿脱穿衣物的方法

名称	方法
开衫	
套头衫	
裤子	
连体衣	

任务工单 2：婴幼儿脱穿衣物指导演练

要求：请就婴幼儿脱穿衣物指导进行模拟演练。

三、任务实施

（一）脱穿衣物的要求

（1）先教孩子认识衣服的前后和正反。教孩子区别衣服的前与后、正与反的最好方法是利用衣服上的某种标志，让孩子记住这些标志。例如，裤子的前面有口袋，后面可能没有口袋；衣服的反面有标签，正面没有标签。

（2）开始时，家长可以把衣服、裤子平放在床上，教孩子把手或腿伸进去，熟练后再教孩子把衣服或裤子提起来往身上穿。

（3）教孩子扣纽扣要从最下面（上面）的纽扣扣起，教他一只手捏住纽扣、另一只手固定扣眼，然后把纽扣扣进扣眼里。

（4）耐心地教，逐步提要求。2～3岁的孩子，自己穿脱衣服有一定困难，不能一下子教许多，只能在孩子学会一样后再教一样。例如，孩子学会了把腿伸进裤腿后，再教他站起来把裤子提好。

（5）要给孩子讲解每一个动作。

（二）脱穿衣物训练

1. 脱衣训练

在宝宝还没有意愿自己动手脱衣服时，会粘着大人，请求帮助。遇到这种情况，照护者不要很快就满足他的要求，试着鼓励他："让我们一起来试着自己脱脱看。"另一种情形是，宝宝拒绝你的帮助，自己想脱衣服，却脱不下来。照护者要为他打气："还差一点儿，做得真不错！"在他困难的时候，稍微帮他一点儿忙，让他产生"我能自己脱下来"的自信。

相较开衫，脱套头衫的难度比较高。可以帮宝宝解开可能勾住他脖子或手腕的纽扣，引导他将手臂先从袖子里抽出来，再用双手从衣服里面撑开领子，将衣服脱下。

建议：宝宝的衣服构造不要太复杂，总是脱不下来会使他感觉很沮丧；在教导宝宝学会自己脱衣服的同时，也应该培养他折叠、整理衣服的习惯，不要让他将衣服随意放。

2. 穿衣训练

穿衣前，照护者先教导宝宝分辨衣服的前后正反，如领子部分有标签的是后面，有缝衣线的是反面。

穿套头衫时，应先将衣服套在颈部，宝宝寻找袖管时，会发生前后颠倒的情形。照护者可帮他将衣服正面朝前；也可以帮他拿着一只衣袖，这样他就很容易将手伸进去。

学会了穿套头衫后，接下来就要教他穿有纽扣的开前襟的衣服。照护者和宝宝面对面，将纽扣的一半塞进扣眼，让宝宝从扣眼里将纽扣拉出来；先把最上（最下）面的纽扣扣上，再依次一个个扣好。

四、实施标准

婴幼儿脱穿衣物指导考核标准

操作内容		操作要点	分值	操作要求	扣分	得分	备注
评估 （15分）	环境	干净、整洁、光线适宜	3	未评估扣3分，不完整扣1～2分			
	照护者	着装整齐、洗手	3	未评估扣3分，不规范扣1～2分			
	物品	用物准备齐全（开襟衫、裤子、鞋子、袜子、手消毒剂）	3	少一项扣1分，扣完3分为止			
	婴幼儿	意识状态、理解能力； 心情，有无惊恐、焦虑	6	少评估一项扣3分，扣完6分为止			
计划 （5分）	预期目标	口述目标：婴幼儿在指导下完成脱穿衣物	5	未口述扣5分			
操作 （60分）	准备	1. 准备婴幼儿要穿的宽松衣物； 2. 教婴幼儿认识衣裤袜的前后和里外； 3. 教婴幼儿认识鞋子的左右	6	少一项扣2分			
	脱穿衣物	1. 指导婴幼儿脱衣服：照护者准确示范脱衣服，逐步口述脱衣服的程序及方法，婴幼儿根据口述的内容逐步完成脱衣服，照护者及时纠正婴幼儿不正确的方法； 2. 指导婴幼儿脱裤子：照护者准确示范脱裤子，逐步口述脱裤子的程序及方法，婴幼儿根据口述的内容逐步完成脱裤子，照护者及时纠正婴幼儿不正确的方法； 3. 指导婴幼儿穿衣服：照护者准确示范穿开襟衣服，逐步口述穿开襟衣服的程序及方法，婴幼儿根据口述的内容完成穿开襟衣服，照护者及时纠正婴幼儿不正确的方法； 4. 指导婴幼儿穿裤子：照护者准确示范穿裤子，逐步口述穿裤子的程序及方法，婴幼儿根据口述的内容逐步完成穿裤子，照护者及时纠正婴幼儿不正确的方法； 5. 指导婴幼儿穿袜子：照护者准确示范穿袜子，逐步口述穿袜子的程序及方法，婴幼儿根据口述的内容逐步完成穿袜子，照护者及时纠正婴幼儿不正确的方法；	48	少一项扣8分			

续表

操作内容		操作要点	分值	操作要求	扣分	得分	备注
		6. 指导婴幼儿穿鞋子：照护者准确示范穿鞋子，逐步口述穿鞋子的程序及方法，婴幼儿根据口述的内容逐步完成穿鞋子，照护者及时纠正婴幼儿不正确的方法					
	整理记录	整理用物	2	未整理扣 2 分			
		洗手	2	未正确洗手扣 2 分			
		记录照护情况	2	未记录扣 2 分			
评价（20 分）		1. 操作规范，动作熟练； 2. 指导婴幼儿脱穿衣物顺利； 3. 操作过程清晰； 4. 态度和蔼，关爱婴幼儿	20	每项未达标扣 5 分			
总分			100				